日本农山渔村文化协会宝典系列

猕猴桃栽培

管理手册

[日]末泽克彦 福田哲生 著

巫建新 阎永齐 译

U0279640

机械工业出版社

CHINA MACHINE PRESS

本书以培育优质猕猴桃为出发点，介绍了日本猕猴桃不同生长发育过程中的栽培管理要点，还就提高果实糖度、贮藏性的技术要点进行了说明，同时总结了猕猴桃栽培管理过程中容易产生的问题和具体事例，并给出解决方法。另外，对于栽培了近30年的猕猴桃如何进行复壮、更新和改造，也进行了阐述。本书内容系统、翔实，图文配合，通俗易懂，所介绍的日本猕猴桃栽培技术，对于我国广大猕猴桃种植专业户、基层农业技术推广人员都有非常好的参考价值，也可供农林院校师生阅读参考。

KIWIFRUIT NO SAGYOU BENRICHO by SUEZAWA KATSUHIKO·FUKUDA TETSUO
Copyright ©2008 SUEZAWA KATSUHIKO·FUKUDA TETSUO
Simplified Chinese translation copyright ©2024 by China Machine Press
All rights reserved
Original Japanese language edition published by NOSAN GYOSON BUNKA KYOKAI(Rural Culture Association Japan)
Simplified Chinese translation rights arranged with NOSAN GYOSON BUNKA KYOKAI(Rural Culture Association Japan) through Shanghai To-Asia Culture Co., Ltd.
This edition is authorized for sale in the Chinese mainland (excluding Hong Kong SAR, Macao SAR and Taiwan)
此版本仅限在中国大陆地区（不包括香港、澳门特别行政区及台湾地区）销售。未经出版者书面许可，不得以任何方式抄袭、复制或节录本书中的任何部分。

北京市版权局著作权合同登记　图字：01-2020-5849号。

图书在版编目（CIP）数据

猕猴桃栽培管理手册 / （日）末泽克彦，（日）福田哲生著；巫建新，阎永齐译. —北京：机械工业出版社，2023.11
（日本农山渔村文化协会宝典系列）
ISBN 978-7-111-73813-8

Ⅰ.①猕… Ⅱ.①末… ②福… ③巫… ④阎… Ⅲ.①猕猴桃－果树园艺－手册
Ⅳ.①S663.4-62

中国国家版本馆CIP数据核字（2023）第168943号

机械工业出版社（北京市百万庄大街22号　邮政编码100037）
策划编辑：高　伟　周晓伟　　责任编辑：高　伟　周晓伟　刘　源
责任校对：肖　琳　李　婷　　责任印制：单爱军
保定市中画美凯印刷有限公司印刷
2024年1月第1版第1次印刷
169mm×230mm·9.5印张·182千字
标准书号：ISBN 978-7-111-73813-8
定价：59.80元

电话服务　　　　　　　　　网络服务
客服电话：010-88361066　　机　工　官　网：www.cmpbook.com
　　　　　010-88379833　　机　工　官　博：weibo.com/cmp1952
　　　　　010-68326294　　金　书　网：www.golden-book.com
封底无防伪标均为盗版　　机工教育服务网：www.cmpedu.com

序

果蔬业属于劳动密集型产业，在我国是仅次于粮食产业的第二大农业支柱产业，已形成了很多具有地方特色的果蔬优势产区。果蔬业的发展对实现农民增收、农业增效、促进农村经济与社会的可持续发展裨益良多，呈现出产业化经营水平日趋提高的态势。随着国民生活水平的不断提高，对果蔬产品的需求量日益增长，对其质量和安全性的要求也越来越高，这对果蔬的生产、加工及管理也提出了更高的要求。

我国农业发展处于转型时期，面临着产业结构调整与升级、农民增收、生态环境治理，以及产品质量、安全性和市场竞争力亟须提高的严峻挑战，要实现果蔬生产的绿色、优质、高效，减少农药、化肥用量，保障产品食用安全和生产环境的健康，离不开科技的支撑。日本从 20 世纪 60 年代开始逐步推进果蔬产品的标准化生产，其设施园艺和地膜覆盖栽培技术、工厂化育苗和机器人嫁接技术、机械化生产等都一度处于世界先进或者领先水平，注重研究开发各种先进实用的技术和设备，力求使果蔬生产过程精准化、省工省力、易操作。这些丰富的经验，都值得我们学习和借鉴。

日本农业书籍出版协会中最大的出版社——农山渔村文化协会（简称农文协）自1940 年建社开始，其出版活动一直是以农业为中心，以围绕农民的生产、生活、文化和教育活动为出版宗旨，以服务农民的农业生产活动和经营活动为目标，向农民提供技术信息。经过 80 多年的发展，农文协已出版 4000 多种图书，其中的果蔬栽培手册（原名：作业便利帐）系列自出版就深受农民的喜爱，并随产业的发展和农民的需求进行不断修订。

根据目前我国果蔬产业的生产现状和种植结构需求，机械工业出版社与农文协展开合作，组织多家农业科研院所中理论和实践经验丰富，并且精通日语的教师及科研人员，翻译了本套"日本农山渔村文化协会宝典系列"，包含葡萄、猕猴桃、苹果、梨、西瓜、草莓、番茄等品种，以优质、高效种植为基本点，介绍了果蔬栽培管理技术、果树繁育及整形修剪技术等，内容全面，实用性、可操作性、指导性强，以供广大果蔬生产者和基层农技推广人员参考。

需要注意的是，我国与日本在自然环境和社会经济发展方面存在的差异，造就了园艺作物生产条件及市场条件的不同，不可盲目跟风，应因地制宜进行学习参考及应用。

希望本套丛书能为提高果蔬的整体质量和效益，增强果蔬产品的竞争力，促进农村经济繁荣发展和农民收入持续增加提供新助力，同时也恳请读者对书中的不当和错误之处提出宝贵意见，以便修正。

赵亚夫

前　言

在日本已栽培了 20~30 年的猕猴桃，迎来了一个大的经营转换期。

最初开始栽培时，由于猕猴桃植株生长旺盛，苦于控制树势的猕猴桃园比比皆是。随着树龄的增加，树势逐步回落，甚至出现了长势下降的趋势，然后是衰老枯死的猕猴桃植株增加。对这种猕猴桃植株怎样进行复壮、更新和改造呢？在本书中对此都有阐述。最早，海沃德是唯一进行经济栽培的品种，后来被新西兰人开发的甘甜多汁的黄肉系品种取代，并逐步走向品种多样化。日本的试验场开发了很多新品种，如酸味的猕猴桃可作为菜肴装饰，而甜味猕猴桃已逐步受到了人们的广泛认可。

猕猴桃果实需要有一个后熟的过程，这是它的一个特征。从产地摘下猕猴桃的果实后用催熟剂（乙烯利）进行后熟处理再销售的量在不断增大，能够保证消费者可食用猕猴桃的供给。特别是新西兰产的猕猴桃具有稳定的供应链和高品质的管理措施，能够保证较好的商品性，符合日本对猕猴桃消费的标准，已被人们广泛认可。对猕猴桃在水果中地位的变化，作为生产者也要有清醒的认识。

但现实情况是，我们对植株的长势控制、品质的管理等还不够到位，日本有些地方还没有走出原来生产味道酸、品质低劣猕猴桃的阴影。现在，猕猴桃的黄肉系品种和绿肉系品种在适应性、抗逆性、贮藏方法及适时采收等方面存在较大差异，如果不重视这些特点，采用不适当的管理方式，会导致新品种的优势逐步失去。

本书在介绍各种猕猴桃品种特点的同时，对这些品种的栽培管理要点也进行了介绍，还就提高果实糖度的生产管理技术和提高贮藏性的品质管理技术的要点进行了说明。同时，我们也总结了猕猴桃栽培管理过程中容易产生的问题和具体事例，并给出解决方法，可以让大家尽量避免出现同样的问题。这些技术不仅适合猕猴桃种植户，对庭院果树及猕猴桃的园艺爱好者也能提供一定的帮助。

猕猴桃是水果当中价格相对稳定的水果。这本关于猕猴桃栽培、生产及管理技术要点的书，如果能够为你改善猕猴桃生产技术助一臂之力，我们将深感荣幸！

在编写本书过程中，引用了我曾经工作过的香川农业试验场府中分场的试验数据，另外我的前辈、种植户及各位朋友都给我提出了许多宝贵的意见和建议，在此一并表示感谢！

作者代表　末泽克彦

猕猴桃生长发育及栽培要点年历

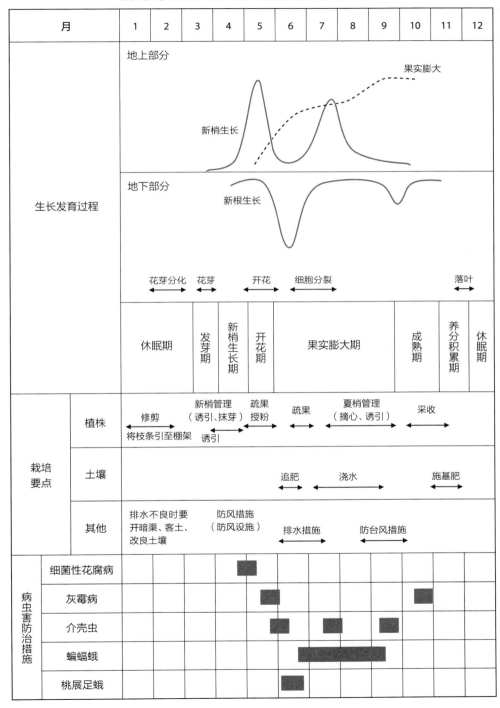

目　录

第 1 章

日本猕猴桃的优缺点

第 2 章

品种的特性和栽培要点

第 3 章

休眠期的管理

第 **6** 章

采收、催熟、贮藏

第 **7** 章

新园、新栽、改植、更新

第 8 章

土壤改良及施肥

附　录

猕猴桃病虫害防治年历

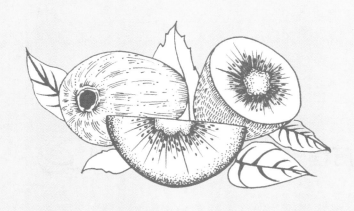

第1章

日本猕猴桃的
优缺点

——开拓新型猕猴桃市场
需要具备的知识

1 猕猴桃的发展历程

◎ 柑橘的转型和猕猴桃的兴起

在日本，随着《农业基本法》的制定，其果树产业（主要是柑橘类的温州蜜柑）从1961年开始得到大面积推广，产量大幅度增加。随着国民收入的增长及欧美饮食文化的影响，水果、肉类、牛奶的消费量都在增加，但柑橘的消费量在这之后并没有更多的增长，在1965—1974年还出现了产品过剩的状况，市场价格暴跌，柑橘种植户的经营受到了很大的影响。

为了应对此状况，除了柑橘园外，种植户开始大面积向其他果树及产品附加值较高的农作物品种转型。一方面调整水稻生产，同时摸索进行其他的农作物生产，在这其中猕猴桃格外引人关注。

日照条件不好、排水不良、土壤潮湿的旱地种植户，和追求比种植水稻效益更高的种植户，也在寻求产业转型。根据这样的需求，选择对水分要求比较高的猕猴桃产业是最适合的。

柑橘生产对劳动力需求量不是很大。而当时猕猴桃作为珍稀水果，达到了每个100日元（100日元≈5.2元人民币）的价格，所以不少柑橘种植户也开始种植猕猴桃。从20世纪70年代中期到80年代后半期，猕猴桃得到大面积种植，进入了快速增长期。

◎ 预见性不足及价格低迷

在那个时候，有"没有病害虫害，不用肥料，只要种下去就能得到高收入"的说法，一下子猕猴桃种植户大量增加。

实际上原产于中国的猕猴桃确实是具有野生性的，它能适应季风气候和多雨天气。刚开始种植猕猴桃时没有发生过病虫害，也不知道有什么病虫害。但是从1976年开始，不明原因的病虫害开始发生。现在，猕猴桃果实软腐病已经是被广泛认知的一种病害，但当时像椿象这样吸取汁液的害虫难道没有吗？值得怀疑！除此之外，溃疡病、细菌性花腐病、桃展足蛾、叶蝉类、根结线虫等病虫害不断发生，人们才开始认识到，野生性的猕猴桃实际上也有各种各样的病虫害。

从 1987 年开始，在日本销量持续增加的新西兰产猕猴桃价格开始走低，因而部分开始转向欧洲市场，迎来了猕猴桃销售的转折点。

病虫害防治、授粉、夏季新梢管理等增加了生产成本，又易受台风的影响，再加上价格低迷，"世上哪有这样的好事"这句话，便成了日本猕猴桃种植户在 1989 年的真实写照（图 1-1）。

图 1-1　世上哪有这样的好事

2 猕猴桃真正的适地条件是什么

◎ 不适合柑橘的立地条件是否适合猕猴桃

为了应对过剩的柑橘市场，把不适合种植柑橘的地块用来种植猕猴桃，这种例子很多。柑橘种植对立地的要求是：温暖、朝向西南、土层浅、干燥的斜坡旱地；与此相反，猕猴桃对立地条件的要求是：不太干燥的土壤、朝北的园地。猕猴桃不耐干旱、不耐强风，土壤保持一定的湿度和面向北的立地条件，也许是最适合猕猴桃生长发育的。另外，刚开始种植时对猕猴桃品质的要求不是太高，即使不适合柑橘种植的园地，也能生产出具有一定产量、品质的猕猴桃。然而，随着种植的继续和产量的增加，又出现了新的问题。

◎ 不适合的园地被自然淘汰

在湿度过高的环境中，猕猴桃溃疡病、细菌性花腐病及贮藏过程中的病害多发，增加了生产过程的风险。另外，1989 年以后猕猴桃的价格下降，与注重产量相比，更应该把注重果实的品质提升作为重点。提高糖度、改善口感、提升品质是猕猴桃产业生存的重要条件。

1989—1998 年，溃疡病、细菌性花腐病多发的果园，光照不足、排水不良、果实糖度不高的果园，果实软腐病易发的果园，水田改造的果园等都被逐步淘汰，栽培面积逐步减少。其结果是适合猕猴桃生长的果园被保留了下来，果实的品质和价格也逐步趋向稳定。

◎ 台风的危害

或许是偶然，在猕猴桃产业兴旺发展的 1975—1985 年，登陆日本的台风很少，但在猕猴桃生产趋于稳定时，随着登陆日本的台风增加，其产生的危害在持续扩大，需要重新认识适应猕猴桃生长的地块。

作为猕猴桃主栽品种的海沃德，它的叶片脆，容易受台风危害而掉落。台风登陆会造成秋季落叶，不仅使当年果实的品质下降，还影响第 2 年的花芽分化。因此，选择猕猴桃的种植地时，不易受台风危害是决定猕猴桃适地适生的重要条件。

◎ 根据过去的生产经验选择适合的地块

不适合种植柑橘的地块并不一定就适合种植猕猴桃，淘汰不适合的地块后，留下适合的。但是，随着那些遗留下的果园及 20 世纪 80 年代初期种植的猕猴桃逐步进入老年，猕猴桃的更新成为迫在眉睫的事。以第 1 代猕猴桃栽培适宜地块的选择为标准，是维持猕猴桃生产持续发展的重要条件（表 1-1）。

表 1-1　日本猕猴桃生产地块的变化与发展

阶段	在农业经营中的地位
开始引进（1988 年以前）	水田改造、柑橘等作物转型，不适宜地块的改造，猕猴桃的价格高（不注重品质）
飞跃至稳定（1989 年至今）	不适宜地块和低品质果园的淘汰，猕猴桃的品质和价格相对应，有技术的种植户扩大经营规模
发展阶段（从现在开始）	推进适宜地生产，新品种高品质果实的市场扩大，出现专业猕猴桃种植户

3　建立完备的适熟果供应链

◎ 猕猴桃是酸味水果吗

猕猴桃和香蕉一样，必须有一个后熟过程才能食用。那么，日本的猕猴桃由谁，在什么地方催熟的呢？

"应该在没有损耗的情况下催熟"，流通方大多要求在没有催熟的情况下进行购进，所以生产方按照流通中介和市场的要求将硬果出售，由市场及中介方进行贮藏，根据订单要求，用乙烯利进行催熟后销售。

但是，产地、地块、种植户不同，催熟的方法也大不相同，果实整齐成熟成为一件很难的事。由流通方进行统一催熟，造成了果实成熟度不一致，有些过硬、有些过软，影响了猕猴桃的口感。

猕猴桃的主栽品种海沃德有独特的味道特点。但是，通过随机抽样调查，猕猴桃给人们的印象是"酸"而不好吃的水果，对它的味道评价不高，这正是催熟技术不过关所造成的。

◎ 排在水果首位的甜味猕猴桃

酸味较小的甜味猕猴桃阳光金果品种（催熟后），由新西兰猕猴桃生产销售协会提供。它非常受消费者欢迎，在水果随机抽样调查中得到了较高的投票率。

在最近的农业报纸调查中，女性和年轻人对黄肉系猕猴桃品种给予了较高的评价。

根据我的经验，香绿、香川金果等猕猴桃品种，采用先进的催熟技术后，其果实作为学校提供给孩子的餐食，一定会受到欢迎（图 1-2）。

图 1-2　采用先进技术催熟的猕猴桃既甘甜口感又好

◎ 生产占一半，后熟占一半

现在许多猕猴桃产地都具备乙烯利催熟设施，猕猴桃催熟后再进行流通已成为主要方式。另外，开发出了无破损果实品质的评价体系，选果机也得到广泛应用，可以将果实依据品质的高低设立分类标准进行销售，但还是有一些问题存在的。比如，日本产的猕猴桃和新西兰产的相比品质不稳定，猕猴桃产地不一样，品质也不尽相同。

销售量在增加的除了海沃德品种以外，日本其他品种的猕猴桃货架期短，常常受到投诉。为了减少投诉，使消费者能够品尝到味道刚好的猕猴桃，日本需要建立贮藏、催熟等技术体系，但这个技术体系到现在还没有完整建立起来。

猕猴桃是否好吃除了品种特性外，其适熟状态（可食性）同样非常重要。

是否具备"栽培技术占一半，催熟技术占一半"的意识，是日本猕猴桃能否得到消费者信任的重点。

4 参考新西兰标准

◎ 作为国际流通商品的猕猴桃

猕猴桃最早的主打品种是海沃德，该品种的特性是果大易贮藏。用适当的贮藏方法，果实的品质可以保持半年。因此新西兰可以将海沃德贮藏并按计划销售到日本等北半球国家达半年之久，这些国家又利用半年时间把自产的或是北半球产的猕猴桃供应市场，这样建立起了猕猴桃的全年供应体系。

在日本的猕猴桃销售产业中，有南半球输入和日本产相互补充的一个国际流通体系。自从日本开始推广猕猴桃种植以来，新西兰产和日本产的猕猴桃相互进行季节上的补充，使猕猴桃销售产业得到了充分的发展。

◎ 以新西兰猕猴桃引领日本猕猴桃产业发展

日本国内的销售商，在进口新西兰猕猴桃出现季节性青黄不接的时候，利用自产的猕猴桃保持市场供应，形成了国内国外联动的市场运营机制。日本自产猕猴桃市场是在进口猕猴桃市场的基础上发展起来的，在进口猕猴桃市场的影响下，从 1989 年开始逐渐形成。

新西兰猕猴桃的品质标准及入市标准要求很高而且稳定，日本自产猕猴桃是难以达到的，仍然有批量不足、品质不一致、贮藏技术不高等问题没有得到很好的解决。1990 年由于连续大雨，日本自产猕猴桃的糖度下降，造成价格大跌。从 1981 年的 826 日元 / 千克降到 186 日元 / 千克（京浜市场），日本的猕猴桃栽培面积从此开始逐步减少（图 1-3 ）。

当时价格再次上涨的还是新西兰猕猴桃品种。由于采取了品牌保护和稳定价格的销售政策，以及确实变好的供应链，日本自产猕猴桃的单价才慢慢地趋于稳定。当然，采取这些措施，主要还是我们没有实力，技术没有跟上去。

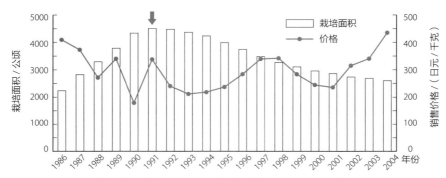

图1-3　1986—2004年日本猕猴桃栽培面积和价格变化（据日园连果树统计）
注：1991年由于台风危害造成减产，但价格上涨，这一年栽培面积开始减少。

◎ 阳光金果出现引起价格反弹

　　2002年开始，新西兰产的阳光金果（品种名为hort16A，商品名为阳光金果）投放市场，价格一下子反弹，这与新西兰能保证周年供给和日本国内委托生产（2003年）的政策有关。现在，推广猕猴桃周年供应的体制已经基本建立起来。

　　新西兰产猕猴桃从产品开发、构建流通网、价格保证等方面建立了完整的体系。不仅如此，他们还邀请影视演员针对年轻人开展广告宣传，在门店附近用新发行的影视广告进行市场促销宣传，开发日本猕猴桃市场（图1-4）。

　　从商品的成长周期来看，从海沃德品种进入市场到达成熟期占据市场，再逐步进入市场衰退期，直到阳光金果等品种的出现，猕猴桃市场才又进入了一个高潮期（图1-5）。

图1-4　阳光金果猕猴桃在日本的市场开发

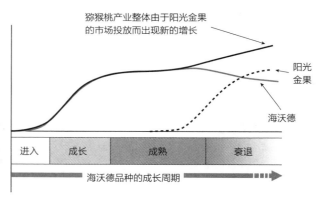

图1-5　猕猴桃商品的成长周期和市场变化

◎ 从单一的绿肉系品种到黄肉、红心品种的出现

猕猴桃开始向多品种方向发展，过去生产上没有选择的余地，仅能使用单一的绿肉系猕猴桃品种海沃德，现在出现了黄肉、红心品种，猕猴桃发展进入了新阶段。品种多样化是一件好事，但还有必须解决的问题。

比如，绿肉系品种和黄肉系品种及红心品种并不一样。像葡萄那样，美国系的葡萄品种特拉华和欧洲系的葡萄品种马斯卡德，同样是葡萄，但栽培方法完全不一样。猕猴桃的绿肉系品种和黄肉系品种在树的长势、授粉方法、花粉亲本选择、病虫害抗性、采收时期的选择、贮藏方式等方面有很大的差异。同样是属于猕猴桃科植物，面对不一样的品种，日本的生产者又对它们的栽培技术了解多少呢？

在猕猴桃栽培技术先进的新西兰，这不是问题。但是日本的土壤、气象条件和新西兰不同，便成为一个需要研究的课题。

品种的多样化，特别是阳光金果品种的引入，使日本的猕猴桃市场进入一个全新的发展阶段，为提高品质，栽培技术的研究成为一个重点。

◎ 掌握针对不同品种的栽培技术

日本自产猕猴桃将向哪个方向发展，是否会采用过去新西兰的市场扩大战略模式？

在日本，很多猕猴桃产地及生产者都把猕猴桃作为补充作物进行栽培，以回避作为主要作物的柑橘栽培的风险和分散劳动用工。但是，猕猴桃会一直作为果树经营的配角来生产吗？

从日本果树引进发展历程来看，19 世纪六七十年代开始从国外引进苹果、葡萄、桃等各种水果品种，它们并不一定完全适应于日本的气候和消费者的需求，使生产者产生很大的困惑。但是，自从日本独创的富士、巨峰、白凤等品种开发后，伴随着栽培技术的开发利用，很快就形成了巨大的产业和市场（表 1-2）。

针对特定品种的开发，生产者要努力挑战这一品种的栽培技术，进行生产开拓，这就是日本水果市场开发的历史。

猕猴桃产业的现状是品种的特性、栽培技术要点等方面的资料还不完整，但是技术萌芽已显现。本书就是把处于萌芽状态的技术及信息介绍给大家，简要介绍栽培要点，以促进相互交流。

表 1-2 日本果树品种和技术的发展路径

树种	葡萄	苹果	温州蜜柑	猕猴桃
引进时期	由明治政府引进优良品种	由明治政府引进优良品种	纪州柑橘（小柑橘）在江户时代引进	1979 年后，海沃德引进
产业化	玫瑰露、康拜露、玫瑰品种的赤霉素无核化处理技术应用（1958 年后）	1912—1955 年，引进国光、红玉等品种而提高产量，套袋技术应用	温州蜜柑受到好评，早生品种的开发	整枝修剪采用平棚"一字型"方法；主力品种海沃德采用催熟方法进行市场销售，阳光金果品种开始上市
日本独立发展阶段	巨峰、先锋的开发和短梢修剪技术应用，高品质的设施栽培技术应用	富士品种开发（1962 年）和老品种价格暴跌（1968 年），矮化栽培技术的开发	高糖温州蜜柑品种的开发，温室栽培等多种栽培技术，交互结果、后期摘果技术等应用（1975 年后）	日本猕猴桃生产者迎接新挑战的时期

（末泽克彦）

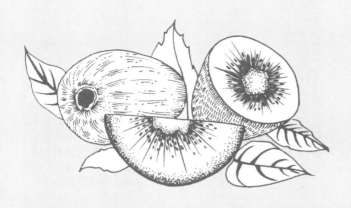

第 2 章
品种的特性和
栽培要点

正如第 1 章所述，截至 20 世纪 90 年代，日本市场上流通的猕猴桃品种主要是海沃德。但是到了 2000 年，随着阳光金果的出现，黄肉系品种增加，占到猕猴桃市场份额的 40%，随后红心品种彩虹红出现，猕猴桃市场呈多样化的品种趋势。

近些年，大家对从中国传入日本的同名异种或是异名同种的猕猴桃，有一点混乱和误解。同时，海沃德和黄肉系品种的栽培管理措施有所不同，这都是我们要研究的课题。

在此，在整理猕猴桃品种的特性和栽培管理措施的同时，对猕猴桃经营方式方法上的注意事项一并进行总结介绍。

1 猕猴桃科猕猴桃属介绍

猕猴桃属于猕猴桃科猕猴桃属（*Actinidia*）植物，分布以东亚为中心，约有 40 个种。在日本有 4 种，分别是软枣猕猴桃（*A.arguta*）、葛枣猕猴桃（*A.polygama*）、山梨猕猴桃（*A.rufa*）、狗枣猕猴桃（*A.kolomikta*），见表 2-1。

表 2-1　猕猴桃的分类

属	种	常用名
猕猴桃属 （*Actinidia*）	*deliciosa*	美味猕猴桃
	chinensis	中华猕猴桃
	arguta	软枣猕猴桃
	polygama	葛枣猕猴桃
	rufa	山梨猕猴桃
	kolomikta	狗枣猕猴桃
	其他种	—

除此之外，日本的果树研究机构、民间机构等对猕猴桃属的植物进行品种的收集、保存、杂交等，不断开发出新的品种。

现在所说的猕猴桃主要是指美味猕猴桃和中华猕猴桃两个品种。

美味猕猴桃的原产地是中国西南长江上游地区（图 2-1），野生品种输入新西兰后进行品种改良，育成了海沃德（Hayward）、布鲁诺（Bruno）、艾伯特（Abbott）、蒙蒂（Monty）、格雷斯（Gracie）和香绿等很多品种。

中华猕猴桃原产于中国南方，有庐山香、金丰和魁蜜等品种。新西兰开发的品种阳光金果和果肉一部分为红色的彩虹红也是其中的品种。

以上所介绍的两个种的染色体数、染色体的倍数、开花期、成熟期、果肉颜色、茸毛的密度等都有所不同（表 2-2）。

为了让大家能简单区分，在本书中我们把猕猴桃分为两类，一类为绿肉的美味猕猴桃系列品种，另一类是黄肉及红心的中华猕猴桃系列品种（表 2-3）。

图 2-1　猕猴桃分布（● 美味猕猴桃　○ 中华猕猴桃）

注：本图来源于 *Krwifruit Science and Management*。

表 2-2　美味猕猴桃品种和中华猕猴桃品种的主要区别

特性	形态	美味猕猴桃	中华猕猴桃
染色体特性	染色体数	174	58 或 116
	染色体倍数	6	2 或 4
栽培特性	开花期	晚	早
	成熟期	晚	早
	后熟难易度	难	易
	贮藏性	中至长	短至中
果实特性	果肉颜色	绿色	黄色、红色
	果毛密度	密	稀
	果毛长度	长	短
	果毛硬度	硬	软
	酸度	高	低

表 2-3　猕猴桃的品种和分类

分类	果肉颜色	本书中名称	品种
美味猕猴桃（Deliciosa 种）	绿色	绿肉系	海沃德、布鲁诺、艾伯特、蒙蒂、格雷斯、香绿等
中华猕猴桃（Chinensis 种）	黄色、红色	黄肉系	庐山香、金丰、魁蜜、阳光金果、彩虹红等

2 第 1 代品种群

◎ 作为世界标准的海沃德

（1）生产流通中最稳定的品种　海沃德是一个具有代表性和象征性的猕猴桃品种（图 2-2）。它是由一个新西兰人 Hayward·R·Raito 在 1920 年左右从一个偶然发现的植株中选出，1930 年初以他的名字命名的。

这个品种在世界上很多国家广泛栽培。在意大利、新西兰等主要生产国，这个品种的产量占到总产量的一半以上。海沃德作为猕猴桃的象征品种的理由有：果大、产量稳定，栽培技术简单，耐贮藏、生产和流通相对比较稳定。

图 2-2　海沃德的结果情况

海沃德果重 100~150 克，果形为扁平宽椭圆形，果皮为绿褐色，果毛软密、不易脱落，果肉为绿色，糖度（可溶性固形物）为 13%~14%，具有爽口的酸味。后熟较难，常需要 3~4 周；贮藏性好，可以贮藏半年以上。

海沃德栽培容易，对细菌性花腐病抗性不强，病害防治上要特别注意。在日本香川县开花期在 5 月 20 日前后，成熟期在 11 月 10 日前后（表 2-4）。

（2）该品种今后的发展方向　在为数不多的猕猴桃品种中，栽培性和贮藏性都很好的代表性品种海沃德，其果实大但糖度不高且带有酸味，并不能说是一个高品质的猕猴桃品种。在消费者的眼中，猕猴桃就有了酸味水果的印象。但是，从猕猴桃品种阳光金果出现后，人们开始考虑猕猴桃的甜度。今后，海沃德有两个发展方向。

一是品种淘汰。桃中曾出现过拂晓品种替代了大久保品种的现象。今后也不是不可能出现黄肉系猕猴桃品种淘汰海沃德的情况。不管什么品种，在一定的历史阶段发挥一定的作用后，最后还是会不得已遭淘汰。

二是作为省力化栽培品种保留下来。因为海沃德栽培简单容易，所以作为搭配品种

表 2-4　猕猴桃主要栽培品种的果实特性（日本香川农试场府中分场，2006 年）

分类	品种名	树势	发芽日（月/日）	开花日（月/日）	成熟日（月/日）	果实重/克	果皮色	果形	果毛密度	果肉色	糖度（%）	酸度（%）	后熟难易度	贮藏性
普通猕猴桃	海沃德	中	3/30	5/19	11/8	114.0	绿褐	宽椭圆形	密	绿	13.9	0.41	难	长
	布鲁诺	稍强	3/27	5/18	11/4	111.1	褐	长椭圆形	极密	绿	14.3	0.42	中	中
	蒙蒂	稍强	3/28	5/17	11/4	108.1	褐	长梯形	密	绿	15.1	0.42	中	中
	艾伯特	中	3/30	5/17	11/4	110.1	褐	椭圆形	密	绿	16.8	0.35	难	中
	格雷斯	稍强	3/29	5/17	11/4	109.2	褐	椭圆形	密	深绿	14.7	0.40	难	中
	香绿	强	3/27	5/18	11/7	105.9	褐	圆柱形	极密	深绿	16.8	0.28	中	中
	赞岐	强	3/27	5/12	11/5	111.7	褐	长椭圆形	粗	黄绿	17.6	0.28	难	长
	庐山香	稍强	3/25	5/11	10/22	134.9	亮褐	短椭圆形	中	黄	14.7	0.44	易	短
	金丰	稍强	3/27	5/11	10/31	105.8	暗褐	椭圆形	无至极粗	深黄	12.7	0.74	中	中
	魁蜜	弱	3/30	5/11	10/23	117.6	褐	球形	无至极粗	黄绿	16.6	0.59	易	短
	江西 79-1	弱	3/24	5/10	10/24	99.3	褐	钟形	无至极粗	黄	15.5	0.54	易	短
	阳光金果	中	3/22	5/2	11/9	90.7	黄褐	椭圆形	无至极粗	黄	16.3	0.38	中	中
	香川金果	强	3/29	5/9	10/13	172.8	褐	短椭圆形	粗	深黄	17.7	0.37	易	短
软枣猕猴桃	香粹	稍强	3/14	5/6	10/26	46.7	褐	短椭圆形	无至极粗	深绿	19.2	0.84	易	中
	光香	稍强	3/21	5/17	10/1	11.2	绿	纺锤形	无至极粗	深绿	19.0	1.04	易	短
	月山	稍强	3/22	5/17	10/4	10.4	绿	倒卵形	无至极粗	深绿	21.1	1.08	易	短

注：数据来源于 1994 年度种苗特性分类调查报告，基于（普通猕猴桃、软枣猕猴桃）调查。表内的数据是 1996—2005 年的平均值（但阳光金果是 2001—2003 年的平均值）。

进行种植，从经营的角度看还是有利的。

另外，可以考虑将海沃德用于深加工，作为加工品种开发利用。狝猴桃和柑橘、香蕉等水果的深加工产品还不多。

◎ 日本甜味狝猴桃品种香绿

香绿糖度高、多汁，具有深绿的果肉和浓厚甘甜的口味（图 2-3）。和海沃德相比，它具有较好的甘甜风味，特别是糖度高达 16% 以上的果实，将其商品化并配上 "ssc16"（糖度 16）的品牌，可作为馈赠礼物进行销售（图 2-4）。

图 2-3　具有味浓甘甜口味的香绿

在香川农业试验场府中分场，香绿品种是从海沃德自然杂交实生苗中选育出的品种，1987 年进行了品种认定。

香绿的果实重 100 克左右，果形为圆柱形，果皮呈褐色，表面密生长毛且容易脱落，果肉呈鲜艳的深绿色，具有独特的香味，糖度为 15%~17%。由于其没有酸味，口感很好，在常温下后熟 2~3 周即可。贮藏期比海沃德要短，为 3~4 个月。果实抗软腐病的能力差。

花穗上有侧花着生，所以开花前要进行彻底的摘侧蕾处理。它的发芽期、开花

图 2-4　作为礼品的香绿需求量大

期和成熟期都比海沃德早，树势强，容易出现徒长枝，栽培管理不当会产生品质上的偏差。控制树势生长，是确保结出高品质果实的主要技术要点。

◎ 其他的狝猴桃品种

对种植狝猴桃的人来说，布鲁诺、蒙蒂、艾伯特、格雷斯等是他们记忆中的品种。果实细长的布鲁诺、果梗光滑的格雷斯等都有自己的特色，在日本和世界各地与海沃德同时栽培，它们的品质和栽培性不比海沃德差。

有些种植户种植了从中国引入的庐山香、魁蜜等黄肉系品种，由于它们的后熟期短、贮藏性差，因此市场销售不理想，现在这些品种大多在观光农业园栽植。

3　第 2 代品种群

◎　猕猴桃的品种开发

猕猴桃在果树中是一个后来者。20 世纪初才开始作为果树栽培。海沃德品种选育出来后，其经济栽培只经历了 70 年。但是，从 2000 年开始的 10 年时间，在世界上全面开展了猕猴桃的品种选育和开发，并取得了长足的进展。

作为猕猴桃主产国的新西兰，海沃德市场饱和，南半球国家之间市场竞争激烈，各国都在努力开发新品种，园艺研究所、产业调查研究机构等培育了许多新品种，在这当中以"阳光金果"作为商品名的 hort16A 品种取得了成功（图 2-5）。现在，果肉是红色的品种及大果的软枣猕猴桃品种也正在研究开发中。

作为猕猴桃原产地的中国，一方面从野生种群中选育优良品种，同时新品种选育也在不断推进，红心的红阳（图 2-6）和黄肉系的金桃、金魁等品种培育成功。其中，金桃品种于 2001 年在意大利取得品种权认证许可，在世界上开始大面积推广栽培。

在日本，以海沃德为主打品种的市场已退去，品种也呈现多样化的趋势，在从中国引入的中华猕猴桃品系中选育出红心品种彩虹红，在以静冈县、福冈县为中心的地区推

图 2-5　阳光金果（hort16A）结果状况（左图）和超市中的商品阳光金果（右图）

广普及，在爱媛县、佐贺县，与佳沛公司合作的阳光金果也在推广普及中。

图2-6 红心品种红阳

◎ 阳光金果

（1）**面向日本人开发的黄肉系品种** 阳光金果是面向喜欢甜味的日本人开发的一个品种。这种黄肉和甘甜的猕猴桃颇受日本人的欢迎，进口量占到日本市场一大半，佳沛公司和爱媛县、佐贺县合作的栽培面积达150公顷（图2-7）。在日本以外，北半球的意大利、美国等地也有栽培，他们都需要取得新西兰佳沛公司的品种许可授权，才能种植该品种。

在日本，市场上销售的猕猴桃在5~10月以进口为主、12月~第2年2月以日本自产为主。

（2）**热带风味的甜果** 果实呈椭圆形、果顶部有凸起是阳光金果的外观特征，在日本其果实的重量为90~110克，比海沃德稍小，在新西兰最大可达到150

图2-7 爱媛县生产的阳光金果

克。果皮呈黄褐色，果毛粗，果肉呈黄色，糖度稍高，酸味低，具有热带风味。后熟处理难易度为中等，常温下2周可自然成熟；贮藏性中等，可以贮藏2~3个月。

（3）**达到果肉标准颜色前稍早采收** 新西兰土壤肥沃，树势比较强，但日本的土壤相对瘠薄，阳光金果树势及树的大小中等，花穗的着花数中等、侧花数量较少。阳光金果发芽早，要注意晚霜的危害。另外，与一般的雄性品种相比，它的开花期早、发芽率高，容易造成新梢过于茂密，所以新梢的管理很重要。

在新西兰，阳光金果果实的采收期是根据果肉的颜色（黄肉）深浅决定的，几乎和海沃德同时期采收。但在日本，因为土层薄，当果实在树上达到标准颜色时已经软化，因而要稍早一点采收。

◎ 彩虹红

（1）**口感较好的早生红心品种**　它是小而甜的黄肉系猕猴桃（图 2-8），多汁，糖度高达 20%，口感良好，是日本最早熟的猕猴桃品种，10 月市场上就有销售。

它是静冈县小林利夫先生科研团队对引自中国的中华猕猴桃品种进行培育筛选出的品种，以小林有限公司名义进行了商标注册。

（2）**发芽期注意晚霜的危害**　彩虹红的果实呈长梯形，果顶部凹陷，果实重 70~90 克。果皮呈黄褐色，果毛粗，果肉呈黄绿至黄色，果心周边呈红色，果肉和果心形成鲜明对比，非常漂亮，口感非常好。

彩虹红的后熟比较容易，7~10 天就可以，贮藏期稍短。树势稍弱，树冠大小中等，在品种培育地（静冈县富士川町）的开花期是 4 月下旬，成熟期是 9 月下旬~10 月上旬。发芽期在现有品种中是最早的，必须注意晚霜的危害。另外，其开花期也是最早的，比一般雄性品种要早，花的柱头凸出，易开放。

和其他的品种相比，它对干旱缺水比较敏感，缺水时叶片卷曲（图 2-9）。另外，成熟期夜间温度下降、昼夜温差大的地区，果心周围的花色素增加较好。

图 2-8　彩虹红的果实
果肉呈黄绿色、果心呈红褐色

图 2-9　彩虹红卷叶症状

◎ 赞绿

（1）**酸甜可口、口味清爽**　赞绿的品质上乘，口味酸甜适中，属于高档品种，有较好的贮藏性，是日本自产猕猴桃后期（3~4 月）市场的主力品种。它是用香川农业试验场府中分场的香绿品种和中华猕猴桃品种雄性系杂交选育出来的，在 1999 年进行了品种认定和注册。它的果实重 100 克左右，果形为长椭圆形，果顶部具有尖凸

（图 2-10），果皮呈褐色，果毛少而短、不容易脱落，果肉呈黄绿色，果肉的纤维组织少，肉质细滑，平均糖度高达 17%，酸甜适中，口感很好，具有中华猕猴桃亲本爽口的味道。

赞绿的后熟时间长，通常需要 3~4 周的时间；贮藏性比海沃德稍差，可以贮藏 5~6 个月。

图 2-10　形似炮弹的赞绿果实

（2）树势强、新梢生长旺盛　和香绿品种一样，赞绿的长势强、新梢生长旺盛，畸形花蕾比海沃德及香绿品种多，所以可以进行疏花疏果处理，对产量没有影响。在品种培育地（香川县坂出市）开花期是 5 月上中旬，比马图阿（Matua）、汤姆利（Tomuri）品种的雄花开花期早，因此需要用上一年冷藏的花粉或是专用雄性品种的花粉进行授粉。成熟期是 11 月上旬。

和海沃德品种一样，赞绿易感细菌性花腐病，所以应尽量避开通风不良的园地进行种植。

接穗只有香川县的生产者可以有偿提供。

◎ 香川金果

香川金果是现在经济栽培猕猴桃中果实最大的品种，许多果实超过 250 克，口味好、多汁、糖度高、深黄色的果肉很鲜艳（图 2-11）。后熟后糖度达 15% 以上，特别是冠以"黄王"文字的商品名后，人们把它作为高档礼品，深受欢迎。

图 2-11　超大型的猕猴桃品种香川金果
结果状况（左图），具有黄肉、多汁的口味特点（右图）

它是香川农业试验场府中分场用魁蜜品种为母本和中华猕猴桃雄性系杂交选育出的品种，在 2005 年进行了品种注册。

果实平均单果重 160~180 克，果实呈短圆形，果皮呈褐色，果毛粗且不容易脱落，果肉呈鲜艳的深黄色，糖度高，酸度低，肉质紧密柔软，口感和风味良好。后熟容易，只要 1 周时间；贮藏时间短，为 1~2 个月。

其结果母枝的发芽率与其他品种相比要高，容易造成枝叶过于茂盛，所以新梢的整枝管理非常重要。另外，为了生产大果，开花之前需要进行疏蕾。开花期比一般雄性品种早，和赞绿品种一样，需要用上一年贮藏的雄花进行授粉。如果采收过早，后熟后糖度低；采收过迟，果实就会在树上软化。所以，确定适合的采收时期比较困难。注意，冷藏（5℃）过程中果实的软化也很快。

该品种的接穗和插穗只有在香川县内可以购买到。

4　新品种和营销战略

◎ 迷你猕猴桃

现在，在日本超市里经常能看见一种迷你猕猴桃，1 盒售价约 300 日元，主要是从美国、智利、新西兰等国家进口（图 2-12）。

图 2-12　上市的新品种——迷你猕猴桃
新西兰的"奇异莓"（左图）及包装好的商品（右图）

迷你猕猴桃指的是猕猴桃属的一个种——软枣猕猴桃，进口品种名称为"奇异莓"。日本很多人认为迷你猕猴桃都是进口的，软枣猕猴桃是日本产的，但是实际上它们都是软枣猕猴桃，原产于中国、日本和朝鲜。进口的"奇异莓"是由原产于日本的软枣猕猴桃经过改良后再进口到日本的。

日本的软枣猕猴桃作为一种地域性的特产果树，以日本中部山区为中心进行栽培，主要用于食品加工。尤其是日本东北地区走在品种改良的前沿，培育出了可以生食的大果软枣猕猴桃品种光香（图2-13）和峰香等。

为了今后日本软枣猕猴桃产业的发展，需要进行大果的生产性栽培和新型加工产品的开发。接下来介绍的香粹就是其中的一个发展方向，它是软枣猕猴桃经过改良的一个品种。

图2-13　大果软枣猕猴桃品种光香

◎ 软枣猕猴桃 × 猕猴桃的新品种香粹

（1）新型水果香粹　香川县育成开发了香粹这个品种（图2-14）。这个品种是软枣猕猴桃品种一才和美味猕猴桃的雄性品种马图阿杂交培育出的种间杂交品种，在分类上属于软枣猕猴桃。但是，它的果实（重约30克）比普通猕猴桃（重约100克）小，比软枣猕猴桃（重约10克）大，所以可以号称是前所未有的新品种（图2-15）。

香粹的糖度为17%~20%，非常甜，口感很好，没有软枣猕猴桃那种涩味。容易催

图2-14　比普通猕猴桃小、比软枣猕猴桃大的香粹

图2-15　猕猴桃香绿（左）和种间杂交品种香粹的大小比较

熟，大约 1 周即可食用。比起一般的软枣猕猴桃，它的贮藏时间稍长，可以贮藏 1~2 个月。

香粹的大小正好一口一个，外形小巧可爱，味道浓郁，一旦尝过就让人无法忘记那浓浓的口味，其猕猴桃碱（涩味的来源）含量少，作为一种面向女性和儿童推荐的水果得到了好评。因为它的表皮上没有茸毛、外形小巧、容易催熟，也会作为盒饭和配餐里的食品。

（2）不用疏蕾的省力栽培　香粹的树势比普通猕猴桃弱，但是比软枣猕猴桃略强。

普通猕猴桃的 1 个结果枝上会着生 5 个花穗，每个花穗上着生 3 个花蕾，共有约 15 个花蕾，通过疏蕾，留下 2~4 个中心蕾。而属于软枣猕猴桃的香粹，1 个结果枝能着生 7 个花穗，每个花穗上着生 7 个花蕾，共 49 个花蕾，开花量非常大，而花又小。因此，香粹要跟普通猕猴桃一样进行疏蕾是很困难的，需要消耗很多的人力，而且如果对所有的花都进行授粉，果实就会太多，所以就采取不疏蕾的方式，只对保留果实的花蕾进行必要的人工授粉，这样就可以省去疏蕾、授粉和摘果的人力。

在品种培育地（香川县坂出市），香粹的开花期是 5 月上旬，比一般的雄性猕猴桃品种要早。因为它的发芽期非常早，所以必须要注意晚霜。成熟期是 10 月中下旬，如果采收不及时，树上的果实就会软化。它对细菌性花腐的抗性弱。

◎ 具有发展前景的品种特性

猕猴桃品种发展的趋势是从海沃德等美味猕猴桃品种向阳光金果等中华猕猴桃品种转变，也就是说，从绿肉猕猴桃向黄肉猕猴桃发展。因为中华猕猴桃品种的猕猴桃糖度高、酸味低，而且蛋白酶、猕猴桃碱的含量少，所以口感好，无涩味。从发展的趋势来看，虽然同为中华猕猴桃品种，黄肉猕猴桃有向红心猕猴桃发展的趋势。

虽然猕猴桃汇聚了如道路上红绿灯似的绿、黄、红三色果肉，但是世界上还有表皮是紫色的品种和茸毛是白色的品种。如果用这些品种进行多次改良，可能会生产出更与众不同的品种。作为今后开发的品种，可以连皮吃的猕猴桃、红心大果猕猴桃等一定会面世的。

另外，迄今为止的品种多重视生食品质，今后要着眼于猕猴桃碱、多酚、维生素 C 及猕猴桃属果实特有的功能性物质的开发，培育能发挥这些特性的新品种。从这个意义上来说，更加寄希望于中华猕猴桃种群及香粹这样的近缘品种资源进行的种间杂交优选的新品种开发。

◎ 从营销的视角看品种开发

虽然已经开展了各种各样的品种资源开发，但是猕猴桃的品种开发还很有限。品种虽好，但是必须是县内限定范围种植（品种保护），或者要签署特别的合约，这是在日本推广猕猴桃新品种的难点所在。因此，出现了虽然销售时说是这个品种，但并不能断定就是这个品种的情况。有一点可以确定的是，由于阳光金果品种的成功，猕猴桃渐渐被消费者认可，各种各样的猕猴桃就有可能被接受，有可能会从原先主要栽培海沃德向多品种栽培的方向发展。

因此，笔者认为今后应该致力于猕猴桃品种的多样化开发。因为栽培品种的多样化，会分散授粉和采收时间，达到优化劳动力使用的效果，通过这样的方法可以扩大生产规模。从目前的辅助性经营项目转变成以猕猴桃为主体的农业经营，也会是一次有趣的尝试。

为了发展日本的猕猴桃产业，要重视扩大包含生食和加工用在内的特色品种开发，提高日本自产猕猴桃的生产规模。

（福田哲生）

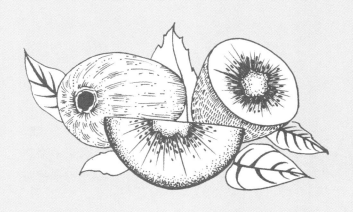

第 3 章

休眠期的
　　管理

1 猕猴桃的基本特性

本部分内容主要介绍猕猴桃的基本特性，掌握了基本特性后再讲解休眠期的管理。

◎ 猕猴桃是相互缠绕向上生长的藤本植物

野生猕猴桃的枝叶会缠绕在其他植物上，并向上部空间生长，使叶片占据有利于光合作用的位置（图 3-1）。通常来说，茎（干）起到支撑自身、给叶片输送养分和水分及贮藏养分等各种各样的作用。而猕猴桃的茎（枝条）在进化过程中放弃了支撑自身的作用，通过缠绕在比自身更高的植物上，达到有利于光合作用的状态。

图 3-1 山中缠绕在其他植物上生长的野生猕猴桃

从栽培的角度来看，猕猴桃不管缠绕在什么植物上都可以自然向上生长，但是反过来却很难向水平方向或者倾斜方向生长，这样就不利于管理了。

◎ 潜伏芽容易萌发，造成树形紊乱

虽然猕猴桃的枝条会缠绕在其他植物上向上生长，但是生长到一定程度后，长势会衰弱，可用下方生长出的健壮枝条进行更新。就像是充满活力的公司，如果领导跟不上时代的发展，那么新一代就会开创新事业，进行新陈代谢，这是一样的道理。

潜伏芽（隐芽）容易萌发，这样生长出的徒长枝替代了前端枝条，从栽培上来说可以积极地利用这种枝条进行更新。但是从另一方面来说，潜伏芽萌发后会造成树形紊乱，难以管理。

◎ 结果母枝式的结果习性

　　猕猴桃跟葡萄和柿一样，以上一年生长的新梢发育成为结果母枝，花芽着生在萌发的新梢的基部数节上（图3-2的左图）。花芽着生的节位上没有生长点，结果部位以下的基部的芽容易变成潜伏芽，多数不会发芽。在这种结果枝的着果部位前端有芽的位置短截，作为第2年的结果母枝，见图3-3。

　　另外，软枣猕猴桃的几个品种（月山、光香和峰香），最初花芽着生从基部的第7~9节开始。第6节到基部的冬芽长势充实良好，从这节发出的芽都是花芽（表3-1）。因此，这些品种可以像葡萄那样进行短枝修剪。

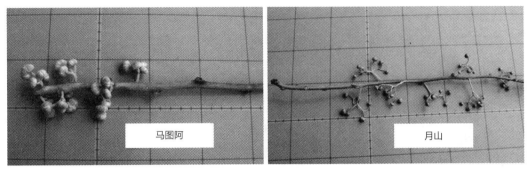

图 3-2　从基部节开始花芽分化的普通猕猴桃马图阿（左图）和基部数节花芽不分化的软枣猕猴桃月山（右图）

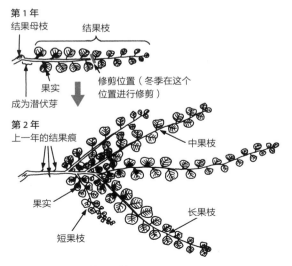

图 3-3　猕猴桃的结果习性

表 3-1　猕猴桃属植物从结果枝基部到花芽着生节位的节数（福田，2005 年）

分类	品种、品系	从结果枝基部到花芽着生节位的节数
中华猕猴桃	FC-2	1.0
	庐山香	1.0
	江西 79-1	1.0
	魁蜜	1.0
	黄金果	1.0
	香川金果	1.0
美味猕猴桃	海沃德	1.0
	香绿	1.0
	蒙蒂	1.0
	布鲁诺	1.0
	艾伯特	1.0
	格雷斯	1.0
软枣猕猴桃	平野	5.8
	高知	4.8
	长野	5.3
	岛根	5.0
	月山	5.3
	光香	5.8
	一才	3.0
山梨猕猴桃	长野	1.2
	淡路	1.0
葛枣猕猴桃	佐藤	3.0
杂交种	香粹	1.0
	赞绿	1.0
	信山	3.0

注: 香粹为软枣猕猴桃（一才）× 美味猕猴桃（马图阿）的品种; 赞绿为美味猕猴桃（香绿）× 中华猕猴桃（FCM-1）的品种; 信山为软枣猕猴桃 × 中华猕猴桃（汤姆利）的品种。

◎ 稀植大树冠整形有很大风险

村松先生调查了葡萄、猕猴桃、苹果、温州蜜柑 4 种果树的导管直径分布。与其他树种相比，猕猴桃有粗导管的比例较大。葡萄虽然也有粗导管，但是细导管的比例更大。苹果和蜜柑只有细导管（图 3-4）。

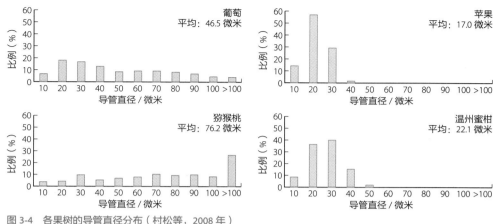

图 3-4　各果树的导管直径分布（村松等，2008 年）
猕猴桃的导管比其他果树的粗

粗导管可以快速地输送大量的水分和养分。但是，如果环境干燥，叶片和土壤水分不足，导管内部就容易形成气泡而切断水柱。相反，虽然细导管只能缓慢地输送水分，但即使在干燥的状态下，因为有水的表面张力，导管内部的水柱就不会被切断，还能慢慢地向叶片输送水分。在干燥地区进化的葡萄，不仅有可以迅速向上输送更多水分的干线导管，还具备细导管构成的水分输送系统，防止枝条和叶片陷入致命的干燥状态。

与此相对的是，猕猴桃主要是粗导管，没有像葡萄那样发达的备用细导管系统。而且枝条单位面积上的导管数量更少（图 3-5）。

如果把猕猴桃的水分输送系统比喻成交通网，即虽然有几条结实的干线道路，但是如果周围不能配备细的一般道路，只要干线道路一旦因为事故而不畅路，那么物流就会完全陷入停滞状态。

从导管的粗细分布来看，猕猴桃跟葡萄一样，利用长距离水分输送来扩大树冠的方法风险较高，所以与稀植大树冠整形相比，修剪成小型化的树冠较好，一旦水分输送出现问题，处理起来会比较容易。

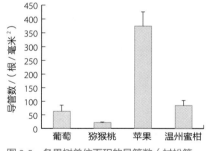

图 3-5　各果树单位面积的导管数（村松等，2008 年）

◎ 1000 米^{2}可栽种 33 株，因树势和品种稍有差别

日本自从引入海沃德，至今都按照新西兰的密度标准进行栽种，永久树大都采用 5 米 × 6 米（每 1000 米^{2}栽种 33 株，最初为 2 倍密植，栽种 66 株）的株行距进行栽植。

很多有经验的人认为这样的密度下树势太强，夏季修剪工作量大而且麻烦。但是，看到为了应对细菌性花腐病和品质提升而进行的环状剥皮、随着树龄增加树势衰弱等现象的出现，也许也会有很多人觉得现在最好稍多栽种一些才好。

栽种密度根据树龄、各品种的树势、土壤的深度和肥沃度、地下水位的情况不同而有很大变化，如果是海沃德品种，以现在的栽种密度（每 1000 米^2 栽种 33 株）来看似乎没有什么问题。如果是香绿品种，因为它的树势强，枝条易徒长，所以每 1000 米^2 最初栽种 27 株（6 米 × 6 米），间伐后栽种 14 株（12 米 × 6 米）。

◎ 迅速崛起的黄肉系品种和软枣猕猴桃新品种

黄肉系猕猴桃新品种树冠的冠幅和枝条生长情况与海沃德等品种有着很大区别，必须在栽种前了解这些差别。表 3-2 是在我们的试验场保存、栽种品种及从品种注册申请书等资料里查到的相关信息。需要说明的是，这其中也包含了没有进行实际栽种试验的品种，所以只是笔者个人的意见和观点，仅供大家参考。

表 3-2　各种品种的树冠冠幅大小（末泽）

品种分类和品种名称					冠幅大小
6 倍体 美味系 deliciosa[1]	4 倍体 中华系 chinensis[2]	2 倍体 中华系 chinensis[3]	杂交	软枣猕猴桃等	
汤姆利、香绿、布鲁诺、马图阿	香川金果、小林 39、金丰		赞绿		大
海沃德	庐山香、魁蜜	阳光金果彩虹红	信山		中
			香粹	峰香、光香	小

① 6 倍体美味系 deliciosa：美味猕猴桃（A. deliciosa 种），海沃德等一般的绿肉系猕猴桃。染色体数是 174；6 倍体。
② 4 倍体中华系 chinensis：中华猕猴桃（A. chinensis 种）。染色体数是 116 的黄肉系猕猴桃。
③ 2 倍体中华系 chinensis：同上，染色体数是 58 的黄肉系或者红心猕猴桃。

2　幼树的整形修剪

在幼树期，促进枝条顺利伸长、扩大树冠为第一要务。因此，要明确主枝，使其旺盛、充实生长，以求第 2 年及以后树冠扩大。

因为猕猴桃的枝条会缠绕在其他植物上，并向更高处生长，所以可以牵拉钢丝绳和绳子、竖起支撑竹竿等，让猕猴桃的枝条缠绕上去生长（图 3-6）。进行第 1 年的整形修剪（图 3-7）。

图 3-6　缠绕在诱引绳上旺盛生长的 1 年生树（香粹）

① 定植后至第 1 年的培育方式

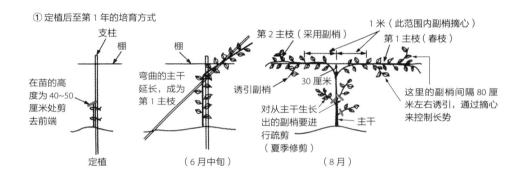

② 定植后第 1 年的冬季修剪

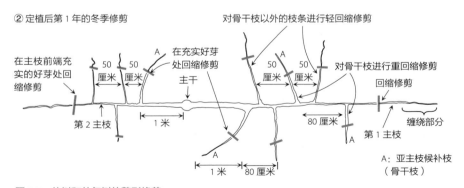

图 3-7　幼树和壮年树的整形修剪

③第 2 年冬季修剪
（修剪前）

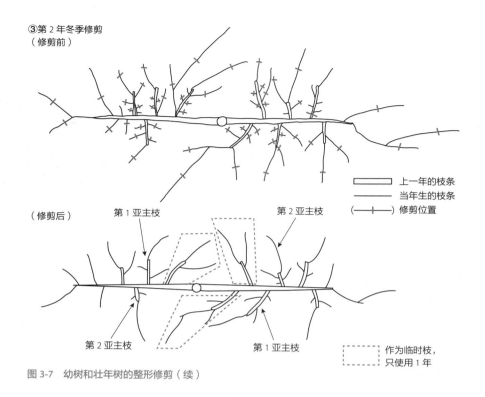

上一年的枝条
当年生的枝条
（——十）修剪位置

（修剪后）　　第 1 亚主枝　　　　　　　　　第 2 亚主枝

第 2 亚主枝　　　　　　　　　第 1 亚主枝

作为临时枝，
只使用 1 年

图 3-7　幼树和壮年树的整形修剪（续）

＜常见的问题事例＞

▶ **事例 1　从基部发出许多枝条，弄不清楚哪个是主枝，哪个是主干**

　　猕猴桃从靠近基部的部位容易萌发生长旺盛的枝条（图 3-8），或者说容易产生"顶端衰弱枝"。因为从基部生长出的枝条大多比较粗壮，所以在修剪时要从芽的充实度和枝条的粗细长短考虑，再一次确认适合作为主干和主枝的枝条。第 2 年，对从主干基部萌发出的枝条要抹芽，不让新梢从主干分枝部以下的部位长出。

图 3-8　生长发育期内枝条管理水平不高，从基部产生许多徒长枝的状态

▶ 事例 2　想用作主枝的枝条长势不强，而从基部生长出的副梢长势很强

狝猴桃因为容易产生顶端衰弱枝，即使是最初选定的主枝候补枝，其前端经常会因卷曲缠绕而变细，反而副梢长势好，副梢与主梢之间粗度发生了逆转（图 3-9），这时就不要局限于最初选定的枝条。因为变细卷起的枝条不会再变粗、变直生长，所以要舍弃这样的枝条，把其他粗壮笔直的枝条作为主枝候补枝，并剪掉长势弱的枝条。

副梢

图 3-9　从主枝基部产生的生长旺盛的副梢比主枝还要粗大

3　壮年树的整形和修剪（定植 2~3 年）

在壮年期，培养主枝是最重要的目标。这个时期树势强、徒长枝多，从主枝基部生长出的结果枝长势旺盛，但是主枝前端的枝条却生长不良的情况时有发生。

定植第 2 年，对从靠近主干部位生长出的粗壮枝条要进行摘心和夏季修剪，防止徒长，如果有些枝条太靠近主枝分叉部，就要在冬季从基部剪掉。

< 常见的问题事例 >

▶ 事例 1　最初结果很好，靠近主干的枝条比主枝粗

靠近主干的部位容易生长出粗壮的枝条。因为粗壮的枝条会结出大果，首先是对长梢进行轻修剪后只让其结 1 年果，不出意外会生长出大果，同时结果枝也会旺盛生长，到了秋季，结果枝比主枝候补枝还粗，即使想要剪掉也剪不掉了。

这里的失败原因就是"只使用 1 年"这个想法，如果犹豫是从基部剪掉，还是想要让其继续结果，那么若想让其结果，可以用铁丝将其基部缠绕起来，枝条就不会变粗，可以作为临时结果枝再保留使用 1 年（图 3-10）。

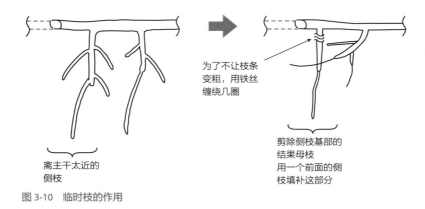

为了不让枝条变粗，用铁丝缠绕几圈

剪除侧枝基部的结果母枝用一个前面的侧枝填补这部分

离主干太近的侧枝

图 3-10　临时枝的作用

▶ **事例 2　认真诱引枝条，注意到枝条、枝干缠绕陷入棚线，担心前端的枝条生长**

因为猕猴桃会缠绕着其他物体生长，所以偶尔会有生长失败的案例。如果枝条长得太粗，棚线会陷入枝干中。任其这样愈合生长，常常会看到棚线完全陷入枝干的情况。但是，几乎没有因此造成枝条枯死的情况发生。

尽量在注意到这种情况时剪断棚线，将其从枝条中抽出，再重新接上棚线。但是，如果棚线是主干线就很难剪断，只能任其生长了。

4 成年树的整形和修剪（定植 4 年以上）

成年树这个阶段是树冠完成的时期，目标是对长势均衡的枝条进行均衡配置（图 3-11）。如果 1000 米^2 种植 33 株，树势非常强时，离主干近的枝条生长过于旺盛，其与主枝前端枝条的长势平衡被打破。为了避免这种情况的发生，不要把亚主枝或者大侧枝配置在离主干太近的位置，在距离主枝分枝点 1 米左右的位置才能配置亚主枝（图 3-12）。

侧枝要维持其小型的状态，采用呈蜈蚣状配置的整枝法，为了不使主干附近的侧枝长大，要注意经常更新这类侧枝。要有效利用夏季的徒长枝，确保主枝前端部位的结果母枝强壮。另外，在主枝前端部位保留一些大的侧枝，并对其进行重修剪，来确保结果母枝旺盛生长。

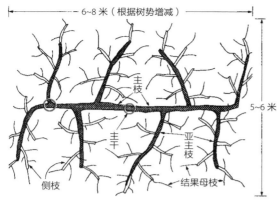

图 3-11　完成的 2 个主枝的整形（修剪后的模式图）

图 3-12　中等树势修剪后的枝条的状态

以下是成年树修剪的基本要点。

◎ 先进行树势诊断

虽然都说树势强或者树势弱，但是因为难以对树势的强弱进行定义，所以进行客观评估并不容易。但是，如果你是园主，可以自己进行评估。因为事先定下了几个评估标准，所以每年的判断就不会有太大的偏差。

这种评估项目和标准归纳在表 3-3 中。还有一些其他的评价标准，不过因为它们过于复杂，不具有实用性，因此没有归纳在此表里。可以参考表 3-3 的项目，判断自己果园里的猕猴桃处于何种树势。

表 3-3　猕猴桃的树势评估项目和评价标准（末泽）

项目	评价标准		
树上所有结果母枝的平均长度	长（5分）	适当（3分）	短（1分）
徒长枝的发生量	生长量多，夏季修剪困难（5分）	发生适量（3分）	很少生长，侧枝更新困难（1分）
	自己不停梢，副梢生长较多（3分）	自己停梢，徒长枝也多（2分）	超过2米、3米的徒长枝很少（0分）
日灼和粗枝的部分枯死	完全没有（2分）	没有看到（1分）	有枝条枯死，出现不能维持树冠的部分（0分）
夏季的落叶程度	从7月下旬开始下部枝的落叶多（2分）	很少（1分）	叶片容易发生日灼，然后凋落（0分）

（续）

项目	评价标准		
修剪后的伤口愈合程度	即使是大切口也能马上愈合（2分）	大体上愈合（1分）	伤口部位的生长情况不好，不能愈合，造成枯萎（0分）

注：园主评估各个项目，合计分值为树势分值。因为每年都会记录这个分值，所以可以客观地了解树势的多年变化。每个项目的分值范围不同，是考虑到树势评估项目之间的重要程度，所以改变了赋分，这也是笔者个人的想法。因为品种、地域、树龄各不相同，所以评价是相对的。判断树势强弱的分值范围请各自根据自己园地的情况决定。顺便说一下笔者的个人感觉，合计7分以下的是衰弱树，而合计超过15分的是树势太强树。

◎ 决定整形修剪的方向

在判断了树势强弱之后，就要决定具体的整形修剪方向。在树势强的园地，通过间伐扩大树冠，或者通过环状剥皮抑制生根，还可以考虑进行彻底的夏季修剪，剪掉无用的徒长枝。但可以预测的是，如果长成了20年、30年生的树木，已经通过间伐扩大了树冠，即使判断树势强，也不能再扩大树冠了，若再扩大树冠就有树势下降的危险。因此，实际的做法是对主干和主枝进行环状剥皮，抑制生根，控制树势的发展。

冬季修剪时，尽可能对粗枝（主要是老枝）进行更新，要注意通过修剪形成木质部较少的年轻植株（更新修剪）。

另外，在树势弱的园地，需要缩小树冠（对主枝和亚主枝进行重回缩修剪），在空地尽快补植。如果要缩小树冠，使主枝上萌发出旺盛的徒长枝，应毫无顾虑的将主枝回缩到这里；侧枝能更新的应积极进行更新。有些亚主枝也要进行回缩修剪，使其小型化、侧枝化。这样棚面会腾出空间，在这些空间补种上新幼苗，并换上新土，保证幼苗可以正常生长。

要注意的是，由于更新产生的大切口，要及时涂上伤口愈合剂。

◎ 记录每个园地、每株的基础数据

可以给每株猕猴桃起个名字便于管理，也可以对它们进行编号。在家里会有这样的对话"因为1号园的5号树比较弱，所以为了让其复壮，进行了重修剪；今年要加强5号树的疏蕾和疏果……"如果可以，做一本笔记，可以给每株树做记录（简单的要点就足够了）。例如，"3号树去年结果太多，所以今年修剪时要少留结果枝。""12号和13号树的果实小，所以今年要选择健壮的枝条作为结果母枝，希望能结大果"等。建议留下每株树的记录，不仅可以唤醒记忆，还可以使园主的观察力变得更加敏锐。

通过引进糖度选果机，用电脑把调查结果数据和地图数据结合，逐渐构建成一个优质果实生产指导基础数据库。但是，只用电脑构建的数据库进行管理不是完整的植株数据库，加上园主手写的树木编号和记录才是完整的猕猴桃植株基础数据库。

笔者认识的一个大规模农场的种植户，对每株树的果实产量和品质、观察到的营养状况等都一一做了记录。即使是在 10 公顷规模的新西兰农场，虽然不是对每株树，但是也记录了每个小采收区域的果实品质、产量和优品率，并有效利用数据对比，进行下一年的管理。这些基础数据不仅便于管理，而且由于记录了观察结果，下一年的经营方针也变得更加明确。

◎ 修剪程度的观察评估

树势评估很难，修剪程度的客观评估也很难，但也是有办法的。一个办法是在棚面上进行标准划区，对枝条的数量和果实的数量进行实测。

举个例子，用绑扎机的绑扎带做记号，划出 2 米 ×2 米的棚面范围区域，进行观察记载，但如果是划出 1 米^2 的分区，就会显得面积太小，难以起到典型模板作用。

如果不进行划区，在进行修剪时，可以数一下修剪枝条的数量和芽的数量，再除以面积（前面例子是 4 米^2），就会得出每平方米的母枝密度和芽数。把这个数据与评估标准进行对照，就能确定修剪程度。然后，参考标准区域的修剪状态，给其他树进行修剪时就能减少误差。表 3-4 显示了香川县的修剪后的母枝密度和保留芽数密度，仅供大家参考。

表 3-4　成年树木的修剪程度（香川县）

项目	中等树势 （整个树的新梢平均长 1 米的程度）	强树势 （新梢平均长 1 米以上）
每平方米结果母枝数量	3~4 个枝	2~3 个枝
每个结果母枝的芽数	3~5 个芽	7~10 个芽
每平方米的芽数	10~15 个芽	15~20 个芽

◎ 改善修剪方式，提高作业效率

（1）修剪作业并不一定在合适的修剪期结束　在汽车生产车间，把生产线分解成一个一个的作业区，也称为"工序区"，各工序区列出需要改善问题的工序清单（清障工程），这就是叫作"工序分析"的一种手法，它可以使整个生产线提升效率。以这种想法分析修剪作业，就会明白修剪是由很多工序和过程构成的（表 3-5）。

这些作业，通常是由园主（多数为男性）来完成的，而修剪枝条的整理经常成为家人共同的工作。

表 3-5　修剪作业的工序分析（末泽）

A：修剪前的作业	B：修剪时的作业	C：修剪后的作业
①剪掉细的卷曲缠绕的枝条 ②去除牵引绳	①对长枝稍回缩（长枝轻修剪） ②更新侧枝和整理骨干枝，结果母枝的短截和疏剪 ③把不要的短果枝从基部剪掉	①牵引骨干枝 ②把结果母枝绑扎在棚架上 ③涂上伤口愈合剂 ④收集散落的修剪枝 ⑤捆绑修剪枝 ⑥将修剪掉的枝条搬出果园 ⑦处理（焚烧等） ⑧检查所有作业情况

　　但是，现在有推迟修剪的趋势，园主的作业日程变得很紧张，原因是适宜猕猴桃的修剪期变短了。以前，到了 12 月上旬，树叶就完全凋落了，但是由于地球的温室效应，树叶凋落推迟到 1 月。到了 2 月，树液就开始流动，所以修剪只能在 1 月完成。通常修剪 1000 米^2 需要花费 60 小时（如果是恶劣天气大约需要 10 天）。如果整个 1 月都进行修剪，最多能修剪 3000 米^2。如果还有其他的作物需要管理，是完全忙不过来的。

　　怎么才能不错过修剪期呢？这个时候，工序分析法就派上了用场。

　　（2）按作业的重要性进行分期修剪　首先园主要区分必须进行的作业和非必须进行的作业、适宜在修剪期进行的作业和空闲时也可以进行的作业。

　　通常情况下，修剪是从表 3-5 的 A ①到 C ②同时进行，但是所有的作业并不是必须由同一个人完成。

　　去除诱引绳、剪掉细而卷曲的缠绕枝条也许可以在树叶还未凋谢完的 12 月进行。因要采收柑橘，如果雇佣零工到 12 月中旬，只要再延长一旬，就能保证 A ①和②在年内完成。如果园主只用完成 B 和 C ①，那么 1000 米^2 几天内就可以完成。C ②在树液流动的 3 月进行，此时枝条柔软性好，工作效率更高。

　　C 的其他作业也并不是一定要在 2 月进行，可以在之后利用柑橘修剪的间隙时间进行收拾整理。而在 2 月初，花费一定的时间进行猕猴桃的品种更新作业（高接）、土壤改良，对整体经营更加有利。

　　前面提到的栽培 2 公顷规模的种植户，可以重新对修剪作业进行分组，分别是前期处理、中期处理、后期处理，考虑人员分配，也不会形成瓶颈式的修剪作业。即使是 1000 米^2、2000 米^2 的种植规模，重新整理这样的作业过程，可以轻松有效地在修剪期完成修剪作业。

　　在新西兰，新梢的诱引和夏季修剪、冬季修剪是最花费劳动力的作业，因此对省力化、标准化（任何人都能进行）的新栽培方式进行了彻底的研究（图 3-13）。在日本，逐渐形成了直接把短侧枝和结果母枝配置到主枝上，呈蜈蚣状（肋骨状）的整形方法（图 3-14），修剪作业趋于简便化。

现在的技术体系，把作业分解成一个一个的工序，考虑优先度，重新组合，可以提高效率。这种改善活动不仅仅在工厂普及，在农业上也进行了推广。

图 3-13　在新西兰被研究讨论的新诱引修剪法
把自然卷曲缠绕到绳子上的新梢作为第 2 年的结果母枝。
将当年使用过的结果母枝全部从基部剪除

图 3-14　维持短侧枝呈蜈蚣状的两个主枝的整形（香川金果）

< 常见的问题事例 >

▶ 事例 1　这个枝条是从哪里发出来的？不知道剪哪个枝条、哪个部位

猕猴桃修剪失败的案例最多的就是这种。如果只是单纯短截结果母枝，几年之后老枝就会前移、前移、再前移；老的枝条前端只会长出小的结果枝。如果在老枝部位萌发出徒长枝，应直接回缩修剪到这里，利用徒长枝进行更新（图 3-15）。

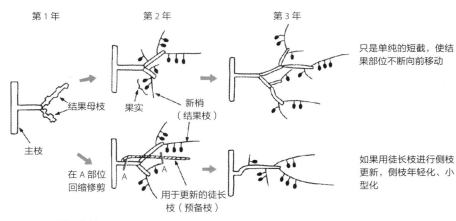

图 3-15　侧枝更新技巧

▶ **事例 2　不知不觉中亚主枝比主枝粗细了**

猕猴桃根部附近生长出的枝条旺盛，离主干近的亚主枝逐渐变强，主枝前端衰弱是猕猴桃的特性。但是，树冠外围的果实和主干周围的果实的大小、品质并不一致。当树冠面积大的时候，要培养亚主枝、临时结果枝，作为返回枝填补到主干附近的棚架上。这样使主枝前端附近的枝条和主干附近的返回枝离树根的距离基本相同，从而使枝条的长势一致（图 3-10）。

这是树势强的树木的情况。如果树势弱，就没有余力培育返回枝了，实际的操作是直接对衰弱的主枝进行回缩修剪，缩小树冠，增强周围新梢的长势。

▶ **事例 3　还在修剪中，树液就不断流出来了**

前面提到因为全球温室效应，即使到了 12 月也没有落叶的年份越来越多。春季来得早，2 月中旬根系就开始活动。在有的年份，还在修剪中，树液就开始流动了，所以现在很多人都觉得适宜的修剪期变短了。

作为对策，要提早开始修剪。除去卷曲缠绕的枝条，先粗略修剪一下，即使还有一些树叶，在 12 月里也可以完成，真正用锯子进行修剪要到严寒的 1 月下旬。把结果母枝绑扎在棚架上（诱引）的作业，即使到了 2 月也可以进行，这个时候可以对修剪进行重新修正。若用切口小的剪刀进行修剪，稍微流出一些树液也没有问题。

▶ **事例 4　什么样的枝条是好的结果母枝？不知道结果母枝的回缩修剪程度**

把健壮的枝条作为结果母枝的时候，要轻修剪，尽量留得长一些；相反，如果把瘦弱的枝条作为结果母枝，要重修剪，留得短一些。

图 3-16　较好的结果母枝（左）和不良的结果母枝（右）
芽饱满度、表皮的茸毛、髓心的大小等都不一样

最适合作为结果母枝的是基部直径为 10~15 毫米的枝条，且光照充足、茸毛少、有光泽、节间短、芽饱满、髓心小。长势太强的枝条，会长出很多畸形果，枝条本身也不太充实，基部直径超过 20 毫米的徒长性枝条不适合作为结果母枝（图 3-16）。

大果只生长在健壮旺盛的结果枝上。因为弱的母枝条上萌发不出旺盛的新梢，所以最好不要使用长度在 30 厘米以下的柔弱枝条作为结果母枝。

▶ **事例 5　黄肉系品种和海沃德品种的修剪方式一样吗**

海沃德、香绿都是绿肉系美味猕猴桃（*A.deliciosa*）品种，香川金果、彩虹红、魁蜜即所谓黄肉系中华猕猴桃（*A.chinensis*）品种，这两大品系的发枝方式完全不同。

它们的萌芽率不同，黄肉系品种的萌芽率达 80%~90%，与此相对应的绿肉系品种萌芽率最高也只能达到 70%。另外，海沃德的长果枝、中果枝、短果枝均有；彩虹红等黄肉系品种，母枝先端的新梢生长很长，但基部发芽形成的枝条很短，常形成极短的短果枝。

从以上情况可以看出，修剪黄肉系品种，如果果实目标定位为小果实，短果枝可以保留多年；如果目标是大果，就要对短果枝进行修剪，每年仅保留长势较强的结果母枝。对从结果母枝基部长出的强枝、备用枝、徒长枝等要有意识地保留，这些枝条短截后作为母枝使用。有些很短就停梢的短果枝、第 2 年还不能萌发出旺盛的结果枝，如果保留这样的枝条，会出现年年结小果的倾向。

▶ **事例 6 认为什么时候都可以间伐，一不留神园内已经过密了**

按规划进行密植的猕猴桃园，要在什么时候开始间伐？这是一个难以判断的事情。

树的长势强、枝叶茂盛的猕猴桃园，从最早结果后开始，就要考虑进行间伐工作。在这种情况下，即使进行间伐，也要保证果园的产量不减少，要让永久树的树冠不断扩大，还不能使地下和地上部分的平衡被打破，导致树势迅速衰弱，所以要有计划地进行间伐或回缩，保证永久树主枝前端的顶端优势。

有时树的长势并没有我们想象的那样强，棚架上的新梢也没有我们希望的那样覆盖得很密，这时就应该进行补植。但是，按照每 1000 米 ^{2} 33 株的标准进行定植的园地，若棚架上没有完全覆盖，应该考虑土壤出问题了，就并不是完全靠整枝修剪能解决的问题了，应该考虑进行客土、设置暗渠和排水沟等土壤改良和排水性改造等措施，这才是解决问题的主要办法。

5 树势衰弱的产生原因及对策

◎ 立枯病、枝枯病的发生

园地里发生很多的树势衰弱，主要是由排水不良、地下水位过高等原因所引起，猕猴桃的根在果树当中耐涝性是最弱的，只要有 5 天处于积水状态，就容易产生烂根现象。

根据爱媛县对猕猴桃立枯病的调查表明，台风并伴有连续降雨、气象异常等造成长时间积水会引起根的腐烂，同时腐霉菌大量繁殖，造成主干、根基部等重要部位腐烂，引起立枯病的发生。

现在，早春出现了一部分树冠发芽不良、新叶卷曲、白化状态的枝条增多的症状，这种症状多发生在枯枝的前端（图3-17）。从这些枯枝部位分离出了引起果实软腐病的拟茎点霉菌，它是引起猕猴桃枯枝症的重要病原菌。当树势衰弱时，修剪部位的伤口难以愈合，病原菌从髓心等一直侵入形成层，导致发芽枝条受病菌危害（图3-18）。

图 3-17　发芽时期的枯枝症状

图 3-18　枝干内部枯死的状态

◎ 从主枝及亚主枝确认植株健康状况

树势衰弱，常常是因为主枝和亚主枝背上（上侧）开始出现枯死现象。其原因一是由于日灼形成高温危害（图3-19），二是如前所述的枯枝症不断发生。

由于徒长枝常出现在主枝或主枝的背上，因此在这些地方会留下很多修剪的痕迹，导致这些地方的输导组织枯死产生枯枝。如果修剪痕迹及大切口的愈合不好（图3-20），会造成树

图 3-19　主枝受日灼危害

图 3-20　树势弱，修剪口愈合差的状态（左图）；树势维持较强，切口愈合较好的状态（右图）

势衰弱。因此，根系健全程度的确认、徒长枝的处理、结果数量的控制等，都是应该尽早地采取的相对应的措施。

在主枝背上的向阳面，笔者用手来测试温度的高低，据观察，树势良好健康的树，枝的向阳面的温度并不是太高，在树势弱的树的同样部位明显温度更高。

◎ 粗枝的更新回缩，重回缩进一步增强树势

树势衰弱，生根量就会减少，生长的枝条就变短，生长量就降低。这是相互关联的。增强树势首先要有较强的枝条，所以修剪是一个重要的环节。

要增加根量，首先要对结果母枝进行重回缩修剪，才能保证萌发出旺盛的枝条。对通常留 3~4 个芽短截的枝条，再多修剪 1 个芽，即回缩后只留下 2~3 个芽（1 个母枝保留 2~3 个芽）。不要利用短果枝作为结果母枝，把它从基部全部剪掉。采用蜈蚣状整枝的情况下，母枝很长时，要尽可能选择强壮的母枝进行重回缩修剪。对树冠外围的衰弱部分要毫无顾虑的回缩，以增强发出新梢的长势，这样徒长枝也增多。要尽可能利用徒长枝对亚主枝和侧枝进行更新，使其小型化，形成紧凑合理的树冠，使树势恢复生长旺盛的状态，根系的生长量增加。另外，有枯死状态的粗枝应回缩修剪到被害部位基部。

要限制结果母枝的数量，叶面要尽量面向阳光，这样有利于提高光合作用的效率，夏季的落叶现象就会减少。如果是土壤或是根部的因素造成的树势衰弱，上述措施就不会有效果，所以要尽早从提高树的长势着手，发现树势衰弱立即找出原因。

另外，不仅仅依靠修剪来调节树势，限制挂果量也是恢复树势的有效手段，因此对衰弱树要进行强疏果。

6 此时的病虫害防治

◎ 休眠期园内清扫

休眠期的病虫害防治措施中最重要的是对园内全面的清理。猕猴桃果实软腐病的病菌常潜伏在修剪掉的枝条、树皮、果梗枯枝等部位，并会长时间处于潜伏状态，把这些潜伏部位彻底清除，是一个重要的防治病虫害的方法。

修剪后园地内的清扫工作具体可以按以下方法进行：

①修剪掉的枝条一定要从园内清扫出去，在空地焚烧成灰，然后用于园地改良土壤，也可以用粉碎机进行粉碎后用作堆肥。

②可以用果树剥皮机等轻轻地将树皮磨掉，防治效果很好（图3-21）。

③如果采收结束后果梗残留在树上，在母枝诱引时一定要将其剪除。对修剪痕迹一定要用伤口涂布剂做适当保护处理。

④对落叶要进行焚烧或是填埋处理。

图3-21　用果树剥皮机进行剥皮
（衣川胜　摄）

◎ 石硫合剂、机油乳剂

参照各地区病虫害防治年历进行休眠期的病虫害防治，如在香川县，为防治介壳虫类，要在2月喷施石硫合剂。在金龟子等虫害多发地，休眠期的防治特别重要，可以喷施机油乳剂，1个月后再喷施石硫合剂效果很好。

（末泽克彦）

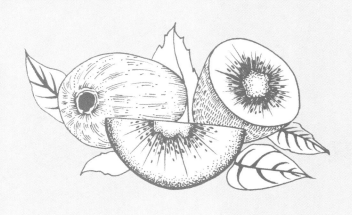

第4章

从发芽到开花
结果期的管理

1 春季枝条的管理

◎ 发芽期不能碰伤芽

　　猕猴桃的发芽期因品种、栽培地区不同稍有差别，大体是 3 月下旬 ~4 月上旬，先是露出膨胀的茸毛芽蕾，然后里面绿色的部位开始展叶（图 4-1）。发芽前，芽的形状因品种不同有很大的差异，海沃德等绿肉系品种的芽凸起很小，魁蜜等黄肉系品种的芽凸起稍大（图 4-2），黄肉系品种的芽容易受伤，要格外注意。

图 4-1　香川金果发芽的状况

图 4-2　黄肉系品种（左为魁蜜）和绿肉系品种（右为海沃德）的芽的区别

◎ 发芽早的品种要特别注意晚霜的危害

　　早春最重要的是注意晚霜危害，发芽之前芽有鳞毛覆盖，抗低温能力强，所以霜害对其完全没有影响，但是发芽展叶后，芽的耐寒性急速降低，如果遇到霜降常会受冻害甚至枯死。受害后的芽（腋芽）虽然还能再次发芽并长成新梢，但是这种新梢没有花蕾着生（图 4-3）。也就是说晚霜的危害程度左

图 4-3　霜害后再次发芽的新梢（香粹）几乎看不到着生的花蕾

专栏

幼树的培育和抹芽处理

1.1 年生苗木的抹芽处理

在幼苗 40 厘米左右的高度短截后定植，4 月上旬节间开始发芽，等芽长到 5~10 厘米时，选取上部的 3 个新梢，抹除其他的芽（图 4-4）。如果抹芽时间过早，即使抹得干净芽也会再次萌发，再次萌发的芽又要再次抹芽。留下的新梢长到 15 厘米左右时，在 3 个新梢中选择长势好的 1 个新梢诱引到支柱上，其他的 2 个新梢保留 10 厘米左右摘心（图 4-5），因为这 2 个新梢作为预备枝保留，摘心后其萌发的副梢仍留约 2 片叶后反复摘心。

图 4-4　1 年生苗木的抹芽

当新梢生长达到棚架时要及时诱引，形成主枝的骨架，这时生长良好的树在棚下 30 厘米附近会产生副梢，选 1 个作为另一主枝的候补枝，用支柱和绑扎线进行诱引（图 4-6）。

另外，用长竹竿作为支柱牵引，让新梢直线伸长至棚架上，这样可以抑制副梢的生长，使树冠尽早扩大成型（图 4-7）。当新梢长到竹竿顶时，将新梢的后部放到棚架上，向前移动竹竿，仍将新梢前端诱引在棚架上方的竹竿上向上生长（图 4-8）。

2.2 年生苗木的抹芽处理

2 年生苗木的新梢管理要根据 1 年生苗木的生长发育状况来定。如果第 1 年生长发育良好、形成 2 个主枝，在主干部和主枝分叉部约 30 厘米以内的芽全部抹掉，保留其他的芽用于扩大树冠。

图 4-5　用支柱牵引生长较长的 1 个枝，其他的 2 个新梢留 10 厘米左右摘心

对于第 1 年生长发育不良、只有 1 个主枝的树，将棚架下 30 厘米附近的芽萌发的新梢作为第 2 主枝候补枝，除保留主枝先端附近的芽外，其他的全部摘除（图 4-9）。

图 4-6 棚架下约 30 厘米附近产生的
副梢作为第 2 主枝的候补枝

图 4-7 利用长竹竿牵引，能
尽早扩大树冠

图 4-8 与新梢生长相配合移
动竹竿

抹芽前　　　　　　　　　　　抹芽后

图 4-9 第 1 年只留 1 个
主枝的 2 年生苗木的抹芽

右着产量，容易产生致命的危害。特别是发芽早的彩虹红等黄肉系品种容易遭受晚霜危害，应该特别引起注意。

露地栽培的猕猴桃在防范晚霜方面并没有特别有效的方法，只能采取保持园地通风、防范冷空气长时间在园地滞留等方法。由于全球变暖，现在的春季气温较高，晚霜的危害较少，但不可大意。

◎ 抹芽

（1）每平方米保留 10~15 个芽　抹芽是防止贮藏养分消耗、保持棚面透光的作业。

抹芽的时间是在新梢长到 2~3 厘米、已经开始出现花蕾的 4 月上中旬，对以直立芽、不定芽、无花蕾芽为主的芽进行抹除，按每平方米保留 10~15 个芽的标准进行调节。在易受晚霜危害及台风影响较多的园地，考虑到自然危害的因素，保留的芽数要适当增加 20%（相当于每平方米保留 12~18 个芽），如果当年没有受到自然灾害的危害，以后可以对保留的芽数再进行适当调整。

　　容易发生徒长枝的主枝、亚主枝的背上（图 4-10）、分枝部位等，不仅是在春季，在整个生长时期都要进行观察，有些不需要的徒长枝一旦出现，就应该立即剪除。但是，不定芽枝、不开花的枝如果可以作为侧枝更新利用也可以适当保存。如果是 7~8 年生树且树势旺盛、新梢发生多，就不用过于考虑侧枝的更新。但随着树龄的增长，不定芽枝发生就会减少了，所以如果有可用于更新的芽产生，应积极考虑枝条更新。

图 4-10　主枝背上产生的徒长枝

　　（2）重视黄肉系品种中母枝基部的抹芽　与海沃德等绿肉系品种相比，黄肉系品种发芽率高，结果母枝发芽率约为 80%（图 4-11）。但它的顶芽优势明显，母枝前端附近的芽生长良好，在基部容易产生长 10 厘米左右的短枝。而短枝的叶面积很小，光合产物也少，基本不能结果，短枝密集影响棚架内采光。

　　综上所述，为了防止养分过多浪费，避免生长过于茂密和增加棚架内采光，对黄肉系品种结果母枝基部抹芽尤为重要。

图 4-11　黄肉系品种发芽率更高
左图是绿肉系品种（香绿），右图是黄肉系品种（香川金果）

◎ 捻枝

所谓捻枝，按字面意思就是将新梢扭一下。捻枝的目的不单纯是诱引枝条改变生长方向，也有让强势枝条长势回落的作用。

对在棚架上水平伸长的新梢没有必要进行捻枝，但这样的枝条很少。将直立、倾斜伸长的枝条诱引至棚架时会产生弯曲、枝势回落等情况，将这样的枝条诱引到棚架上时，就需要进行捻枝引导。

捻枝的方法是：习惯用右手的人，用左手固定新梢需要捻枝的部位，然后用右手握住距离左手2节的部位，旋转扭动（图4-12）。基本上在新梢的基部捻枝，枝条长的情况下，分成2~3个部位进行捻枝，这样更省力。

新梢生长变硬时，直接用手捻枝会比较困难，这时就需要用嫁接刀在需要捻枝的部位纵向切出一些细长深口，这样捻枝就会变得容易了（图4-13）。

图4-12　新梢的捻枝是用一只手固定基部，另一只手进行扭转

图4-13　对木质化的硬新梢，可以纵向切出一些细长口后进行捻枝

◎ 新梢的诱引

新梢的诱引（绑扎到棚架上）是为了防止枝条折伤、提高受光面和提高光合作用效率而进行的一项作业。猕猴桃的新梢一般在4月下旬~5月快速生长。随着新梢的生长，因风吹断枝条的现象时常发生，所以要用绑扎机将新梢诱引到棚架上。

第1次诱引适宜在新梢长15~20厘米、新梢基部稍有一点木质化、捻枝时有"咔嚓"声时进行。如果早于这一时期，新梢很软，容易造成折断，过迟则枝条过硬，捻枝较为困难，所以不要错过诱引的适宜时间。诱引2次以后，从6月开始以每月1次的频率进行诱引，按照新梢生长情况随时向棚架进行诱引。

　　将新梢绑扎到棚架上后，新梢并没有完全停止伸长，前端保持生长，要使其斜向上进行伸长。这样有利于保持整体树势，在一定程度上也能控制枝条的缠绕。

　　和绿肉系品种相比，黄肉系品种不容易发生新梢折损，但初期的新梢生长缓慢。因此，黄肉系品种和绿肉系品种栽植在一起时，应该对绿肉系品种优先进行诱引。

◎ 摘心

　　猕猴桃属于藤本植物，旺盛生长的新梢会一直持续伸长，摘心是防止新梢缠绕、增强枝条充实度的一项必不可少的作业。最理想的摘心是轻轻摘除新梢最前端尚未展叶的部分。但是，如果摘心作业开展得较迟，也可在新梢前端2~3节处摘心。长势旺盛的长果枝伸长达1米以上，会覆盖其他的枝条，使采光条件变差，造成了植株整体生长失衡，因此摘心应不迟于6月中下旬进行。摘心后如果副梢强势生长，应再随时摘心。中果枝、短果枝等不到50厘米的新梢，让其自然自枯，没有必要专门人工摘心。

　　过了梅雨期，中等结果枝的新梢生长变缓，前端部分开始在棚架上缠绕，稍微进行一些摘心，今后修剪工作就变得非常容易了。

　　和绿肉系品种相比，黄肉系品种在开花期以后新梢生长旺盛，会一直连续不断地生长，另外，结果母枝基部的新梢容易变为短枝，但前端的新梢会生长出很多副梢，和棚架线及其他的新梢发生缠绕，导致棚架上茂密郁闭，所以黄肉系品种的摘心作业是非常重要的一个环节。

◎ 注意猕猴桃的立枯病

　　发芽后树冠的一部分叶片萎缩，出现白化症状（图4-14），在各地均有此现象发生，这就是猕猴桃的立枯病（参见第3章相关内容）。

　　该病的症状又分2种，一是树势渐渐衰弱枯死；二是开花之后，新梢突然生长旺盛且树势恢复。两者的区别在于树的长势和黑色根腐病菌对树干的损害程度不同。一旦发现其特有的症状，首先考虑的是救活植株，可以摘除所有的花蕾，减轻植株负担。另外，若入秋后该症状还存

图4-14 叶片枯萎的猕猴桃立枯病症状

在，应该及时剪掉这些有症状的枝条。虽然采取这些措施后植株仍有可能枯死，但还是应该力所能及地去挽救它们。

＜常见的问题事例＞

▶ 事例1 不能确保有更新用的不定芽

在有一定树龄的猕猴桃果园，经常能看见将粗枝和徒长枝等从枝条基部修剪掉的情况。一般来说粗枝条的修剪创口不宜过大，因为这样修剪后的园地里不定芽发芽少，不能很好地发出想要用于更新的芽。实际上将粗枝等枝条自基部全部剪掉，这部分基本上就萌发不出新梢了。相反，若在靠近基部处稍微保留一点活桩，潜伏芽就很容易萌发，能发出很多作为更新用枝条的芽（图 4-15），虽然树形多少

图 4-15 基部附近多少保留一点活桩，潜伏芽容易萌发

有些不规整，但能有完整的树冠。所以，修剪徒长枝、粗枝等枝条时，最好在自基部 1 厘米处进行修剪。

▶ 事例2 每年因强台风刮断新梢造成减产

正当新梢处于可进行诱引或即将能进行诱引状态时，也常常是出现台风的季节，易因大风吹断了还未诱引的新梢，导致结果枝不足，产量减少。每年易因大风吹断枝条而受损的果园，不仅要建防风墙和防风网，还要依据预测的受灾程度，多预留 20% 的结果母枝，一旦台风造成损失则可以通过这个措施弥补受灾的产量损失。如果没有受灾，则将未折断的枝条连母枝一同剪掉，种植户都会采取此措施，以防患于未然。

▶ 事例3 捻枝作业时不能过度捻枝或用单手捻枝

对初学者而言，捻枝作业失败多是因为在捻枝时松开了用于固定枝条的手（对习惯用右手捻枝的人，固定用左手），使枝条从基部折断（图 4-16、图 4-17）。要使枝条不断，关键就是具有固定作用的手绝对不能松开枝条。但捏住枝条不松手，也有可能因过度捻枝而使新梢受损，但枝条不会从基部断裂，后面部分仍可存活并长出新梢，而如果是从基部折断就不会再长出新梢了。总之，与过度捻枝相比，松开固定的手产生的损失更大。

图 4-16 因捻枝失败形成新梢折损

图 4-17 新梢基部折断

　　捻枝时可用扭转折弯的方法。有人会直接折弯枝条，在这样的果园受损的新梢会比较多。慢慢地扭转枝条进行捻枝，能够防止过度捻枝带来的新梢损伤（图 4-18、图 4-19）。

错误的捻枝方法

弯曲度接近 90 度，养分难于送达，造成枝条损伤

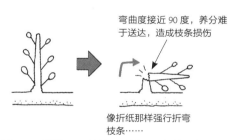

像折纸那样强行折弯枝条……

正确的扭转捻枝法

慢慢扭成这个角度，枝条不易损伤（参见图 4-19）

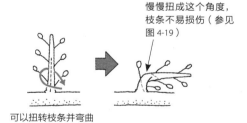

可以扭转枝条并弯曲

图 4-18 捻枝不是直接折弯枝条而是扭转折弯

图 4-19 扭转枝条顺利捻枝的方法

▶ **事例4　诱引不当，新梢易折断**

多次出现"进行诱引后枝条都断了"的情况，多是捻枝不对、诱引时间过早、捆扎的位置不正确造成的。

诱引作业迟，枝条被大风刮断的概率就会很高，所以希望早点儿进行诱引的心情可以理解。但对短的新梢进行诱引，容易造成断枝或使新梢受损，所以在诱引时间上推迟一点儿也是很重要的。总之，不管什么时候进行诱引，都要谨慎操作，不要强行进行捻枝和诱引。

另外，初学者和有葡萄栽培经验的人，大多会在靠近新梢顶端附近的一处绑枝诱引。这样做，随着新梢的伸长，新梢会弯曲呈弓状，严重的会从中间折断，因此应尽可能在新梢的基部绑枝。

关于捻枝的方法如前所述。

2　着花量的调节和授粉

◎ 黄肉系品种花量多、节间短

如第2章所述，猕猴桃有绿肉系品种和黄肉系品种。与绿肉系品种相比，黄肉系品种每个新梢的花穗数和每个花穗的侧花数都比较多，每1000米^{2}的着花数也多（表4-1）。此外，由于黄肉系品种在开花之前新梢的长势缓慢，故有节间短的特点。

表4-1　不同种类猕猴桃的开花量概算

种类	每个新梢的花穗数	每个花穗的侧花数	每1000米^{2}的开花数
绿肉系猕猴桃	4~5	1~2	10万~12万
黄肉系猕猴桃	6~8	2~3	15万~16万

◎ 疏蕾的效果明显

无特殊情况时，猕猴桃在完全授粉后，极少会出现生理性落果的现象。反过来说，在减少贮藏养分的消耗、促进初期果实膨大方面，疏蕾的效果很好。

疏蕾在开花前的1~2周进行，当能确认花蕾形状后保留正常的花蕾，也要摘除侧花蕾，在开花之前花蕾的密度为 30~40 个 / 米 ^{2}。以结果枝为单位，则短果枝上留 1~2 个花蕾，中长果枝上留 3~4 个花蕾（表 4-2、图 4-20）。

黄肉系品种比绿肉系品种的花蕾量要多，为了减少养分的流失，疏蕾作业尤其重要。

疏蕾前　　　　　　　　　　　　　　　　　　　疏蕾后

图 4-20　疏蕾时短果枝留 1~2 个花蕾、中长果枝留 3~4 个花蕾

表 4-2　疏蕾时的新梢状况和每个新梢的疏蕾标准

项目	疏蕾时期的新梢状况			
	弱	中		强
最终枝长	< 10 厘米	10~30 厘米	30~90 厘米	> 90 厘米
每个新梢的着蕾数	0~1 个花蕾	1~2 个花蕾	2~4 个花蕾	3~4 个花蕾

◎ 选择优良的授粉株

（1）3 个主要的雄性品种　猕猴桃多数为雌雄异株，授粉的好坏将影响果实的品质和产量，所以必须选择优良的雄性品种。

以前，以海沃德等绿肉系品种为主流，雄性品种主要是同种的马图阿或汤姆利，因为它们花期一致，所以是可以授粉的。但是黄肉系品种的开花期比马图阿等一般雄性品种要早 10~15 天。因此有引进"孙悟空"等花期早的雄性中华猕猴桃品种的例子（表 4-3、图 4-21）。

表 4-3　不同种类的授粉用品种

种类	染色体倍性	主要的品种	主要的授粉用品种
黄肉系猕猴桃	2 倍体	彩虹红、阳光金果	彩虹红专用雄性（贮藏花粉、进口花粉）
	4 倍体	庐山香、魁蜜、香川金果	孙悟空（贮藏花粉、进口花粉）
绿肉系猕猴桃	6 倍体	海沃德、香绿	马图阿、汤姆利（进口花粉）

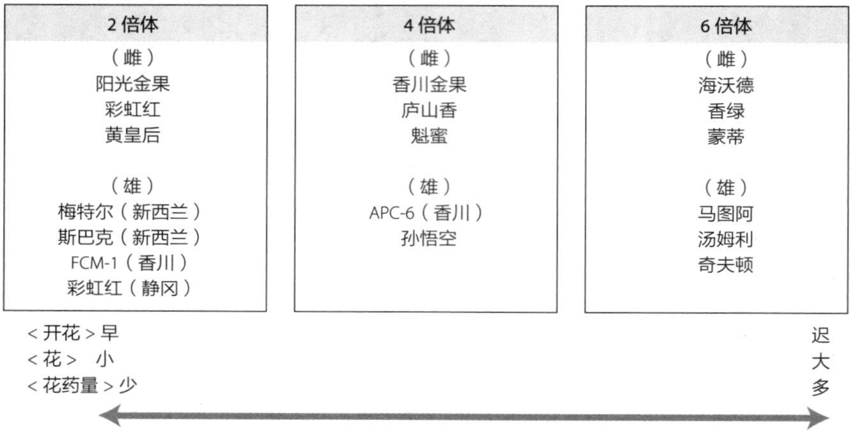

2 倍体	4 倍体	6 倍体
（雌） 阳光金果 彩虹红 黄皇后 （雄） 梅特尔（新西兰） 斯巴克（新西兰） FCM-1（香川） 彩虹红（静冈）	（雌） 香川金果 庐山香 魁蜜 （雄） APC-6（香川） 孙悟空	（雌） 海沃德 香绿 蒙蒂 （雄） 马图阿 汤姆利 奇夫顿

<开花> 早　　　　　　　　　　　　　　　　　　　　　　　迟
<花>　 小　　　　　　　　　　　　　　　　　　　　　　　大
<花药量> 少　　　　　　　　　　　　　　　　　　　　　　　多

图 4-21　猕猴桃的染色体倍性与花的特征关系

　　猕猴桃的雄性品种由于种苗提供者的不同，有各种不同品种体系在市场上流通，但主要品种有孙悟空、马图阿、汤姆利 3 种。

　　马图阿和汤姆利是海沃德等绿肉猕猴桃的授粉代表。日本西南地区气候温暖，两者的开花期都在 5 月中下旬。马图阿比汤姆利的花期要稍微早些。在花穗的着生数量上，马图阿约为 8 节、汤姆利约为 5 节；而平均每个花穗的花蕾数，马图阿约为 3 个，汤姆利约为 5 个。

　　在花穗的形状上，马图阿的疏散，汤姆利的聚集。马图阿的花蕾大且易摘，比汤姆利的稍大一些；每 10 个花蕾的花粉量基本相同，但汤姆利的总花蕾数要多，因此汤姆利的总花粉量要稍微多些。

　　孙悟空品种是与庐山香等 4 倍体黄肉系猕猴桃的开花期相匹配的雄性品种。它的开花期在香川县为 5 月上中旬，每个花穗有 3~5 个花蕾，花穗聚集，与马图阿等相比花蕾小，每 10 个花蕾的花粉重量约为 30 毫克、偏小，只有马图阿、汤姆利品种的一半，花粉采集效率较低。

（2）黄肉系的花粉品种　海沃德等绿肉系猕猴桃授粉用的是同种的马图阿和汤姆利，黄肉系猕猴桃的授粉特性尚未明确，仍在研究中。

片冈团队的研究报告指出彩虹红等 2 倍体的红心品种，为了使果实膨大，适合用同种的猕猴桃品种授粉。也有研究表明，用马图阿的花粉授粉会使种子的发育不良。

此外，笔者发现对于 2 倍体的阳光金果，新西兰产的种子整体为黑色的多，日本产的多为赤褐色种子（图 4-22），这大概是授粉用花粉的种类不同而造成的。期待与黄肉系猕猴桃最相匹配的花粉品种的研发。

图 4-22　新西兰产（左图）和日本产（右图）的阳光金果实的区别（种子的颜色不同）

◎ 人工授粉

（1）自然授粉的果实大小不整齐　猕猴桃雌、雄株混合种植，将会自然授粉、结果。如果雌、雄株相距较远，且遮断昆虫传递花粉，则完全不会结果，以风为媒介授粉结果的概率很小，自然授粉的媒介主要是蜜蜂等昆虫（表 4-4）。

表 4-4　与雄株相隔的距离对香粹结果的影响（福田，2007 年）

试验区		着花穗率[③]（%）	结果率[③]（%）
采花昆虫[①]	与雄株的距离[②]/ 米		
遮断	5	13.6	3.3
遮断	8	3.6	0.6
遮断	13	2.0	0.4
遮断	18	0	0
开放	5	95.7	62.3

① 养蜂人的蜂箱与试验地相距大约 500 米。
② 雄株是授粉用的雄性品种 APC-6。
③ 对各试验区 20 个结果枝的调查，未疏蕾。

自然授粉容易受开花期的天气（低温、降雨、大风）的影响，导致授粉不均匀，不仅果实小而且容易出现果实大小不整齐。此外，由于猕猴桃的种子数量越多果实就越大，所以为了保证果实正常膨大，必须要有 600~1300 粒种子（图 4-23）。由此可见，为了产出品质高、个头大的猕猴桃，实行人工授粉更为可靠。

图 4-23　自然授粉的结果状况（香绿）

左图中带标签的为自然授粉果实；从横切面（右图）来看，左侧自然授粉的果实种子极少，而右侧为人工授粉的果实

（2）花粉的采集和贮藏　采集花粉时要先采集当日即将开放的雄花，用采药器等工具收集花药，在常温（25℃左右）条件下让其开裂一昼夜，再用筛子等精选花粉（图 4-24）。将精选出的花粉分成若干份后用花药包袋包装，然后装入放有干燥剂的茶叶罐等密封容器中，放入 5℃的冷藏室保存（图 4-25）。如果花粉是在第 2 年使用，贮藏温度为 –20℃（用冰箱的冷冻室等即可）。

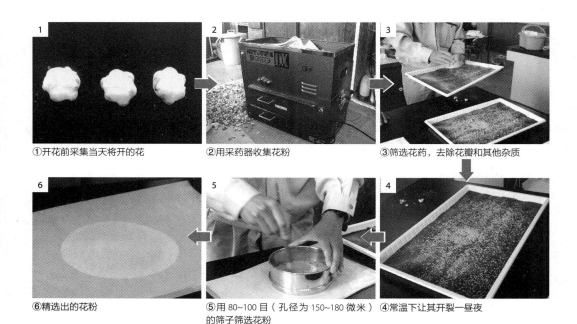

①开花前采集当天将开的花　　②用采药器收集花粉　　③筛选花药，去除花瓣和其他杂质

⑥精选出的花粉　　⑤用 80~100 目（孔径为 150~180 微米）的筛子筛选花粉　　④常温下让其开裂一昼夜

图 4-24　花粉的采集方法

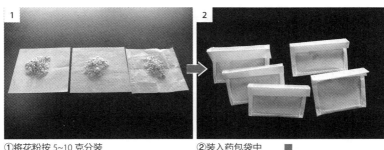

①将花粉按 5~10 克分装　　②装入药包袋中

④贮藏（当年用的贮藏温度为 5℃，第 2 年用的贮藏温度为 -20℃）

③为防潮，将花粉装入放有干燥剂的茶叶罐等容器中密封保存

图 4-25　花粉的贮藏方法

　　另外，进口花粉和冷冻贮藏花粉的解冻方法如图 4-26 所示。花粉在解冻时放入硅胶等干燥剂，同时避急速的温差变化，防止花粉吸湿。

---

①花粉在使用前（解冻之前）必须放在冷冻室（-20℃）保存。
↓
②使用前 2 天放在冷藏室（5℃）解冻。
　解冻方法：在茶叶罐中放入干燥剂，里面放装有花粉的容器，将其密封
　（若不放干燥剂就解冻，花粉受潮会降低发芽率）。
　将茶叶罐放入冷藏室解冻。
↓
③解冻后的花粉，在使用前 1 天恢复至常温。
　在恢复至常温状态的阶段检查发芽率。

图 4-26　花粉的解冻方法

　　（3）对贮藏的花粉必须做发芽率鉴定　由于开花期早的黄肉系猕猴桃的引进和节省劳力的管理作业，现在使用上一年贮藏的花粉和进口花粉的情况有所增加，这些花粉因品种和保管状况的不同发芽率也不同，因此在使用前必须进行发芽率的鉴定。

　　鉴定花粉发芽率的操作顺序见图 4-27。当年花粉的发芽率平均为 80%~90%，冷冻贮藏花粉的发芽率也要达到 60%~80%。根据发芽率调整增量剂的稀释倍数，无论如何发芽率不能低于 60%（图 4-28）。另外，发芽率低可能是以下原因造成的：

①100毫升水中放入10克蔗糖和1克琼脂后煮沸，将其薄薄地铺在光滑玻璃片上（制作发芽床）。
②将滤纸垫在培养皿上，用水打湿。
③用牙签等将花粉涂在①的玻璃片上。
④将③的玻璃片放入②的培养皿中并盖上盖子。
⑤为了让花粉发芽，将其放置在20~25℃的地方，12~24小时后用显微镜（200~400倍）观察花粉管的生长变化。

图4-27　鉴定花粉发芽率的操作顺序

1）由于花粉是直接从冷冻室里拿出来的，故带有湿气。

2）温度低，花粉管的生长发育状况不好。

3）玻璃片上的花粉过干。

对应措施：一是按照冷冻室→冷藏室→常温的顺序，让花粉逐步适应常温。二是将温度设置在20~25℃。三是为了防止干燥，用水将垫着的滤纸弄湿。

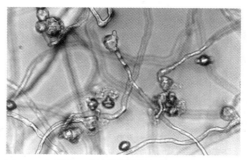

图4-28　显微镜下花粉发芽的状态（400倍）
这种状态的发芽率大概为85%

（4）用粉末增量剂授粉　一般用着色的石松子作为花粉增量剂，其理由是，石松子的相对密度和花粉相近、无吸湿性、流动性好、不含有抑制花粉发芽的物质（图4-29）。

花粉通常按其10倍左右稀释，对发芽率低的花粉，按表4-5的稀释倍数进行调整。稀释方法为分别称出配制所定倍数所需的花粉和增量剂，用80~100目的筛子过3遍后将其混合在一起。如果用花粉混合机，就能简单地完成此项作业。

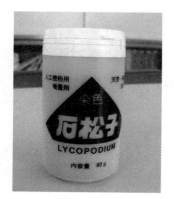

图4-29　石松子

表4-5　花粉稀释倍数的标准

花粉发芽率	稀释倍数	纯花粉：石松子
81%以上	10倍	1：9
71%~80%	8倍	1：7
61%~70%	6倍	1：5
51%~60%	4倍	1：3
41%~50%	2倍	1：1
40%以下	作为增量剂使用	

另外，稀释后的花粉发芽率易下降，要尽快使用。

将用增量剂稀释好的花粉，用花粉授粉器喷向柱头（图 4-30）。授粉的要点是呈放射状喷出花粉，使花粉均匀地附着在约 40 个柱头上。如果只有部分柱头授粉，即使结果，果实膨大发育也不好，容易产生畸形果，所以要让柱头全部均匀授粉。

图 4-30　使用花粉授粉器进行授粉

授粉作业在始花期、盛花期、终花期分 3 次进行。给雌花授粉的最佳时期在开花后 3 天左右，在花瓣没变为褐色前进行。授粉作业应尽可能在柱头分泌黏液较多的上午进行，此时花粉易黏附。

花粉发芽的适宜温度是 20~25℃，13℃是临界温度（二宫先生）。即使在冷天授粉，如果花粉不能发芽其效果也等同于不授粉。所以尽可能选在暖和的时候授粉，提高授粉作业效率是很重要的。

另外，使用电动授粉器时花粉用量多，但授粉效率高。

（5）**用液体增量剂授粉**　用最近研发使用的液体增量剂进行人工授粉，可以解决降雨时授粉和作业省力化的问题。为了提高花粉的扩散性和发芽率，液体增量剂要添加蔗糖等作为缓冲剂。日本市场上销售的液体增量剂有 JA 全农爱媛县产的"花接触"、白石钙公司生产的"液糖"等。

专栏

什么是进口花粉？

在日本，进口花粉是指从新西兰等地进口的花粉，多用奇夫顿（Chieftain）品牌（图 4-31），采集花粉时因使用人工真空抽取等方式，所以花粉的损伤低、杂质少。当年花粉的发芽率为 80%~90%，而进口花粉平均高达 95% 以上。价格因经销商不同而不同，但 20 克装的大约 1 万日元。

图 4-31　进口花粉

据在爱媛县进行果树试验的矢野先生调查，为了确保猕猴桃果实充分膨大和种子数量，液体授粉的稀释倍数要控制在 500 倍以内（图 4-32）。笔者进行的液体授粉的试验结果表明，用液体增量剂稀释 250 倍、500 倍与用常规的石松子稀释相比作业时间相对缩短（表 4-6），但果径、果实品质都与使用石松子的效果相同（表 4-7），因此液体增量剂的基本稀释倍数为 250 倍，需要根据品种、天气等因素对稀释倍数进行增减。

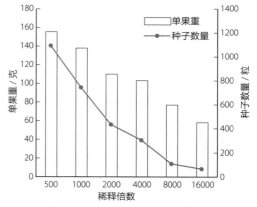

图 4-32 花粉稀释倍数和单果重、种子数量的关系（矢野，2004 年）

表 4-6 不同花粉增量剂的配置方法对作业时间的影响（福田，2003 年）

试验区	每 100 朵花[①] / 秒	1000 米² 估算时间[②] / 小时	劳动比值[③]
使用手动喷雾器的液体增量剂区	102.3	7.1	70.3
常规区（石松子的花粉授粉器区）	145.4	10.1	100.0

① 取 7 名熟练工的平均值。
② 按每平方米 25 朵花，1000 米² 25000 朵花估算。
③ 根据作业时间，以常规区的劳动比值为 100.0 进行估算。

表 4-7 不同的花粉稀释倍数对香绿品种果实的品质影响（福田，2003 年）

试验区	结果率（%）	健全果率（%）	单果重 / 克	糖度（%）	柠檬酸含量（%）	种子数量 / 粒
液体 250 倍区	100.0	93.3	95.9	16.0	0.56	931.0
液体 500 倍区	100.0	93.3	95.3	16.1	0.44	982.4
常规区（石松子 10 倍区）	100.0	90.0	97.8	15.3	0.42	921.4

使用液体增量剂可以使用手持喷雾器授粉，但是若将液体增量剂和花粉直接放入喷雾器，则两者不易混合，可以将两者放入大点的饮料瓶中充分混合后再分装到喷雾器中。另外，在授粉作业中，有一半左右的花粉会沉淀在喷雾器的底部，所以在作业时要时不时地晃动容器使花粉与增量剂混合。

用石松子等的粉末授粉，授粉后柱头稍微呈粉红色，液体授粉时花瓣上附着的花粉量较多，呈艳丽的红色。两者授粉后都易识别。此外，液体授粉时授粉器喷出的液体量有时稍多，虽然能节省授粉作业的劳力，但也易出现授粉不充分的情况（图 4-33、图 4-34）。仅将花瓣染红，授粉是没有效果的，柱头上如果没有沾满花粉液，授粉作业

细致的液体授粉　　　杂乱的液体授粉　　　粉末授粉

图 4-33　花粉的附着状况
杂乱的液体授粉，柱头上附着的花粉很少

粉末授粉（石松子）

液体授粉

图 4-34　不同花粉增量剂授粉后猕猴桃的花
液体授粉时，花瓣上附着的花粉多，很艳丽

就是无意义的，所以要小心、细致地进行授粉作业。

（6）**授粉所用的费用**　液体授粉所需的经费，据矢野先生估算，石松子稀释 10 倍和液体稀释 200 倍，花粉的使用量基本相同。在授粉的材料费方面，**液体授粉要更便宜些**（表 4-8）。

（7）**液体授粉成功的要点**　使用发芽率高（70% 以上）的花粉；花粉混合后要在 2 小时以内用完；与粉末授粉相比，受户外气温影响较大，要在 15℃以上使用。

以上是关于液体授粉的说明，图 4-35 是有关液体授粉成功要点的总结，供参考。期待猕猴桃的液体授粉技术能在今后得以普及。

表 4-8　授粉材料费的估算（矢野，2004 年）

分类	授粉工具	增量剂	其他	合计
石松子（毛球棒）	450 日元 （150 日元/瓶 ×3 瓶）	3900 日元 （390 克 ×10 日元/克）		4350 日元
石松子（器械）	3000 日元 （30000 日元/10 年）	3200 日元 （320 克 ×10 日元/克）	1000 日元 （电池 6 节）	7200 日元
液体	200 日元 1000 日元/5 年	2070 日元 （6.9升 ×300 日元/升）		2270 日元

注：授粉工具的使用年限为电动授粉机 10 年，手持喷雾器 5 年。
　　液体增量材料按每升 300 日元的单价估算（每升需琼脂 1 克 ×110 日元/克 =110 日元，蔗糖 50 克 ×2 日元/克 =100 日元，另加水、容器和杀菌费）。

	确认项目	具体的内容
选择花粉	授粉用花粉	当年的花粉或贮藏花粉 自家采集的花粉或进口花粉 （自家采集的花粉易混入杂质，所以要使用细目筛子筛选）
	发芽率	必须检查发芽率 使用发芽率在 70% 以上的花粉
授粉时	细致的授粉	使柱头上附着花粉液
	减少花粉浓度不稳定性	让花粉和液体增量剂充分混合
	花粉溶液的使用期限	2 小时内用完花粉和液体增量剂的混合液
	使用的温度条件	户外温度低时不使用 15℃ 以上使用

图 4-35　液体授粉成功的要点（福田　供）

< 常见的问题事例 >

▶ 事例 1　为何疏蕾耗时

疏蕾是需要抬高手腕进行的细心作业状态，脖子、手腕酸痛后，工作效率会变低。

疏蕾作业大概可以分两项内容，一是摘除花穗中的所有花蕾，二是摘除侧花蕾，保留中心花蕾。前者可以在开花前的 3~4 周实施，后者因为要辨认、区分中心花蕾和侧花蕾，所以只能在开花前 2 周左右实施。

有的种植园从开花前 2 周开始疏蕾作业，因为两项作业同时进行，耗时多。如果将两项作业内容分开，从时间充裕的开花前 4 周开始，先将结果母枝基部和最前端的不要的花蕾连同花穗一起摘除；在开花的前 10 天，摘除侧花蕾，只保留中心花蕾，这样便可减轻作业负担（图 4-36）。

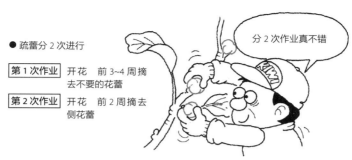

● 疏蕾分 2 次进行

第 1 次作业　开花　前 3~4 周摘去不要的花蕾

第 2 次作业　开花　前 2 周摘去侧花蕾

分 2 次作业真不错

图 4-36　疏蕾的作业过程

▶ 事例 2　一枝上全是畸形花（果）

基于不同品种，畸形花出现的频率也不同，一般多开在长势极强的新梢基部，对这种生长在强新梢基部的花蕾只需摘除即可。偶尔也会出现新梢上全是畸形花的情况，其原因是过于追求生产大果，对结果母枝回缩修剪过度，促使新梢长势过猛。

畸形花过多时，有必要重新确认结果母枝回缩修剪的强度。

▶ 事例 3　为何花粉的发芽率会逐年降低

花粉发芽率下降的原因可能是雄株的栽培管理不当。雄株由于不结果，易被种在果园角落的狭窄地带。伸出果园的枝条会不断地被修剪，植株的生长状态也会渐渐衰落，着有充实花蕾的枝条减少，花也变小。花粉的发芽率也就随之降低了。

雄株虽然不需要像雌株（结果株）那般精心管理，但也要保证一定的日照量，保证树冠扩大，满足其自然生长的需要。

▶ 事例 4　开花早的雄性品种，花小不易收集

随着黄肉系品种的普及，引进的开花早的雄株也得到了推广，但其花小、花粉量也非常少。为了提高效率，比较好的措施是采集并冷冻贮藏普通雄性品种如马图阿等的花粉。

目前，还没有开花早、花粉量也多的雄性品种，黄肉系猕猴桃如果作为经济作物栽培，建议使用贮藏花粉和进口花粉进行人工授粉。

如果是庭院栽培的果树，可以与花期一致的雄株进行自然授粉。

▶ 事例 5　雨天如何进行人工授粉

雨天也要实施授粉作业让人倍感烦恼，如果只下 1 天雨，第 2 天雨停后再实施作业

也没什么问题，但如果一直下雨则非常棘手。特别是用石松子等粉末授粉时，授粉器的前端被雨水淋湿后会堵塞，严重影响作业的效率。

如果是液体授粉，授粉作业则不受天气的影响。雨水只要不是斜打在柱头上冲走授粉液，液体授粉的效果都不错（图 4-37）。笔者也曾在雨天进行过液体授粉，因为花朵面向地面，柱头上的授粉液并没有被雨水冲落，果实仍然生长良好、硕大。

长期下雨且要授粉，务必尝试用液体授粉。

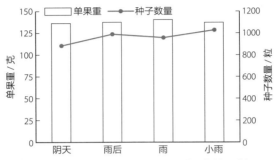

图 4-37　授粉时的天气和单果重、种子数量的关系（矢野，2004 年）

▶ 事例 6　为何液体授粉时喷雾器的喷头会堵

现在液体授粉得到了普及，但时常出现喷雾器喷头被堵的情况。特别是使用了自家精选花粉的果农常有此情况发生。这是因为在精选花粉时，为了从初级筛选的花粉中获得更多的花粉，在精选花粉中混杂了花药和花丝等杂质，这些杂质堵塞了喷头。

解决方法为：使用纯度高的进口花粉，使用细目筛子，用纱布蒙住喷雾器的吸水口，防止喷雾器堵塞等。

在笔者的试验果园，粉末授粉时使用 80~100 目的筛子精选花粉，液体授粉时使用更细的 150 目（孔径约为 100 微米）的筛子筛选。

▶ 事例 7　听说液体授粉易失败

授粉不良及果实膨大不良等液体授粉失败的原因，是花粉的发芽率和使用的花粉溶液配比不当。

粉末授粉是将处于休眠状态的干花粉喷至柱头，吸收柱头的水分使其发芽。液体授粉则是将悬浮在液体中的花粉（在因吸收水分而从休眠状态苏醒后）喷至柱头。

此外，处于休眠状态的干花粉能较长时间适应不良的环境，一旦吸收了水分适应不良环境的能力就变弱。液体中的花粉发芽率也容易随时间的流逝而急剧下降。因此，液体授粉在使用发芽率高的花粉（尽可能在 70% 以上）的同时，还必须在与增量剂混合后 2 小时之内用完。

不要怕浪费，前 1 天剩下的授粉液就不要再使用了。

▶ **事例 8　彩虹红等开花早的品种进行液体授粉后果实膨大不良**

不仅是彩虹红，同时期开花的阳光金果等 2 倍体的黄肉系猕猴桃，同样也有果实膨大不良的报告。

其原因首先是受授粉时户外气温偏低的影响，并不是彩虹红等的花器及液体增量剂的配比不好造成的。彩虹红等 2 倍体的黄肉系品种是猕猴桃中最早熟的品种，在日本西南温暖地带于 4 月下旬~5 月上旬开花，此时的平均气温在 15~16℃，且移动性气压多，天气多变，感觉到有点冷的天数多。授粉时气温偏低，柱头易干燥，从而导致了结果少、果实小（图 4-38）。

采取的措施：提高花粉的浓度（通常是将稀释 250 倍改为 100 倍左右）；停止液体授粉，重新采用粉末授粉。海沃德等在低温条件下进行授粉，也会出现果实膨大不良的情况，此时可以采用相同的措施。

图 4-38　液体授粉结果不良的原因

3 此时的病虫害防治

在这一时期，最让人害怕的是细菌性花腐病，一旦感染，花朵变黑枯死，产量下降。

细菌性花腐病是因为在开花期雨水较多造成的。在园内湿气重的果园发病较多。此外，品种不同对病害的抵抗力也不同，香绿、香川金果等抗病性强，海沃德、彩虹红、赞绿的抗病性则较弱。

如果采用药物防治，在4月下旬和开花之前喷洒链霉素剂，保持园内排水、采光、通风状态良好，尤其是要防止园内湿度过大。

图4-39　开花前2周，对主干、侧枝进行宽度为0.5~1厘米的环状剥皮

环状剥皮对减轻发病非常有效，对抑制新梢的伸长、减少花蕾结露的效果也不错（据三好团队调查结果）。开花前2周，对主干、侧枝进行0.5~1厘米宽的环状剥皮作业（图4-39），由于环状剥皮易使植株长势衰弱，因此要认真观察植株的状况，避开新梢长势不好的植株。

（福田哲生）

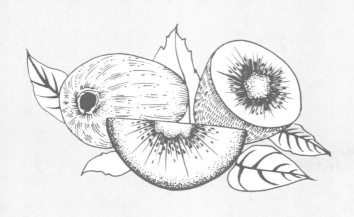

第 5 章
果实膨大成熟期的管理

1 L、2L 级果实的疏果

◎ 疏果要考虑的问题

（1）**产量与单果重的平衡关系**　图 5-1 展示的是海沃德壮年树随挂果量的变化，形成产量和果实大小（平均单果重）之间的关系。

以叶面积 0.1 米²（1000 厘米²）结 1 个果实的比例来计算，1 个果实的平均重量为 120 克（图 5-1 ①），单位叶面积的产量为 1.2 千克（图 5-1 ①′）。如果强化疏果，叶面积 0.16 米²（1600 厘米²）结 1 个果实，平均单果重 140 克（图 5-1 ②），单位叶面积的产量降为 0.9 千克（图 5-1 ②′）。想要大果，挂果量就会减少，产量也会降低；想要产量高，果实就小。即产量与果实大小之间是一种平衡关系，一方提高另一方必然降低。

（2）**叶果比为 6 左右，要注意叶面积的大小**　平均枝长为 100 厘米左右的中等树，叶片的宽度一般为 14~15 厘米，1 片叶的面积为 150~160 厘米²，6 片这样的叶（叶面积大约为 1000 厘米²）结 1 个约 120 克重的果实（叶果比为 6 : 1），1000 米² 的产量为 3~3.5 吨。

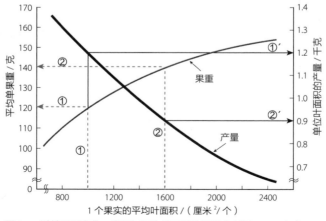

图 5-1　随挂果量变化，产量与平均单果重的关系（末泽，1986 年）

但是枝条长度为 20 厘米的海沃德，1 片叶的平均面积为 100 厘米²；枝条长度为 2 米，1 片叶的面积大约为 180 厘米²，几乎是 20 厘米长的枝条上叶片的面积的 2 倍。枝条的强弱，导致其着生叶片的大小也不相同。而在实际种植过程中，不可能一一测量叶片的面积，因此挂果数的多少也只能根据叶果比来估算。树势弱、枝条短的猕猴桃，叶片也小，和树势强的按同样的叶果比估算后疏果，其果实的膨大当然不好。

◎ 为什么认真疏果后还不能结出大果

如前所述，果实大小与产量之间存在平衡关系，即一方提高，另一方必然下降。因而不是所有一样进行疏果的种植户，都能采收到同等大小的果实和产量。有疏果后大果高产的果园，也有认真疏果后难结大果的果园。

图 5-2 是分别对树势强、枝条过于旺盛的不良果园与树势中等且稳定的优良果园的不同指标进行调查的结果。不良果园的枝条伸长过长，光合产物大部分被新梢生长所消耗，而优良果园向果实输送的光合产物比输送到枝条中的多。但是，若树势弱、叶面积不足，光合产物总量本身就少，即使果实得到的养分比例高，产量也不会高。

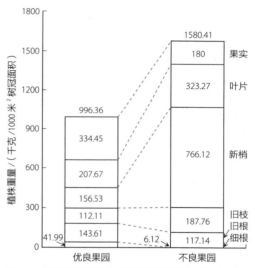

图 5-2　优良果园和不良果园不同部位的生产量（末泽，1993 年）

在树势适当的情况下，产量与单果重之间的系统关系的相关性高；反之，如果树势不适宜，这种系统关系的相关性则低。

这种系统的平衡关系（经营者称其为权衡关系）的模式表示如图 5-3 所示，优良果园单果重和产量关系的支点可维持较高的水平；树势和植株的条件不良的情况下，支点的位置则变低，单果重和产量关系维持在较低的水平。

夏、秋季节是新梢多发季节，立夏之后棚架上的枝条长得过于茂密，园内郁闭，通风透光性差，会引起果园落叶、树势减弱、棚架上没有适量的叶片覆盖等，这样的果园产量和果实的大小都处于较低的水平。

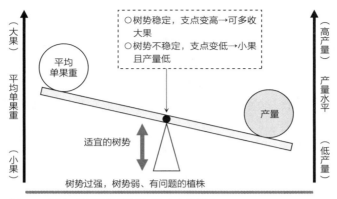

图 5-3 产量、单果重的系统关系和支点的位置

◎ 1000 米² 产量为 3 吨、单果重为 130 克的结果目标

海沃德作为猕猴桃的标志性品种，其平均单果重不低于 100 克，大的可达 200 克，与苹果、桃、梨等相比，猕猴桃的个头小，仅凭果实大小很难说出其存在感和附加价值。70~80 克的小果不能成为商品，想种植超级大果，不仅挂果量受限制，而且其价格是否能满意也是问题（有的产地的目标就是生产 3L 级大果）。一般来说，果型比例最好的是 L 和 2L 级的果实。在此，基于图 5-1，当以产量为 3 吨 / 1000 米²，单果重 130克为目标时，构成产量的要素如表 5-1 所示。

表 5-1　每平方米树冠的枝条强弱、分枝数和每个枝条的结果目标

叶果比	产量 /（吨/1000 米²）	平均单果重 / 克	每平方米长短不同的新梢数及每个枝条的着果数						
			0~50 厘米	50~100 厘米	100~150 厘米	150~200 厘米	200~300 厘米	> 300 厘米	合计
6	3	130	6 个新梢	4 个新梢	2 个新梢	1 个新梢	1 个新梢	0~1 个新梢	15 个新梢
			0~1 个果	1~2 个果	2~3 个果	3~4 个果	4~5 个果	徒长枝不结果	25 个果

注: 表中为获得平均单果重 130 克、产量为 3 吨/1000 米² 的生产量所需要的采收量构成要素。1 米² 树冠产生 14~15 个新梢。

◎ 进行早期精准疏果

根据猕猴桃果实膨大的特点（图 5-4），在花满开后大约 1 个月就基本能确定果实的大小了，因此如果疏果时间迟就没有意义了。必须在早期一次性决定疏果。像生产中果型温州蜜柑那样疏果后再次调节疏果就迟了，所以必须进行省力化精准化疏果，无须再次调节疏果。

笔者的做法基本和修剪时一样（参见第37 页），先划定标准区域。6 月上旬至中旬开始疏果作业时，操作如下：

①用绑扎用的红色或白色胶带，将棚架面平均划分成若干个 2 米 × 2 米的正方形（4 米²）区域。

②数一数这个区域内的果实数量，算出与预计挂果数之差，推算出疏除果实的比例。

③疏果时先要摘除畸形果和小果，其次

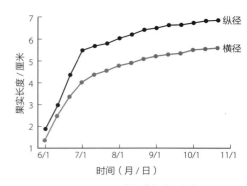

图 5-4　猕猴桃果实膨大曲线（熊本果试）

参考表 5-1 的目标，从短果枝开始疏果，因为长果枝易结大果，要尽量保留。之后以这个区域的疏果程度为标准，在园内进行疏果作业。

若以区域内的挂果数为标准进行疏果作业，多一点少一点都是可以的。因为作业的间隙重合，要与一起作业的人员反复修正标准区域，包括调整果实个体差异，以保证作业精度。

◎ 考虑套袋产生的费用和效果

在香川县，不论经营规模的大小，香绿和香川金果多数情况下都会套袋。其作用是防止晒伤、避免果实间的摩擦，以保护果皮、有效抑制果实的软腐病，由此产生的费用和取得的效果相比性价比还是蛮高的（图 5-5）。海沃德因为套袋所产生的成本难以收回，一般不采用套袋方式。

但是小规模栽培或者家庭果园，为了在一定程度上抑制果实的软腐病，和用药相比我们推荐使用具有防水性的蜡纸袋进行套袋。

图 5-5　套袋的香绿和香川金果

< 常见的问题事例 >

▶ 事例 1　发生花腐病、有些部位出现挂果疏密不均的情况

发生细菌性花腐病虽然不影响全树的挂果量，但发病的部位会出现挂果疏密不均

的情况，这时光合产物多会输向旁边的侧枝和大的亚主枝，因此因花腐枝枯而挂果不足时，正常部位的挂果量多留 2~3 成，使全树的挂果量略微少一些比较合适。

▶ **事例 2　为何按标准疏果后，果实仍然不大，产量也不高**

在第 70 页曾提到产量和大果之间的系统平衡关系，普遍认为有两种情况需要注意。

一是树势强，夏枝多发。因为枝叶茂盛，所以同样的土地面积的光合产物也多。但是光合产物被枝条生长所利用，分配给果实的少，导致果实不膨大，产量也低。可以进行间伐和环状剥皮来抑制树势，必须控制枝条的过度徒长。

二是树势弱，叶面积不够。根部因积水腐烂和过度环状剥皮抑制发根，都会使树势衰弱，当然枝条的生长量也不足，果实也就膨大不良，导致产量下降。为了促使发根，可以采取土壤改良、修剪及补苗等措施恢复树势。

▶ **事例 3　使用氯吡脲促进果实膨大**

氯吡脲（CPPU）是具有细胞活性素的植物生长调节剂，又叫 KT-30。为了促使猕猴桃的果实膨大，可在开花后 20~30 天使用 1 次。果实不论是被浸蘸还是喷洒这种膨大剂，其稀释浓度为 1~5 毫克 / 升。

品种不同，处理的效果或者果实的反应有所不同。对海沃德使用的效果极为显著，但是果形稍微有点偏扁。

对香绿使用膨大剂的效果也很明显，果顶部更加肥大（即下端膨大），见图 5-6。如果果脐外凸、果实过于肥大，则会出现果实空心的现象。由于越靠近结果枝基部果实越易变形，因此要以基部附近的果实为中心进行疏果。

如果黄肉系品种过于追求果实膨大，果皮会发生破裂，此外果形变形严重，所以不要过度促进果实膨大。

为了防止出现果实变形、品质低下的情况，尽可能延后使用时间且低浓度使用膨大剂。只追求大果品质易下降，所以要十分注意果实周边的采光，适当减少挂果量。膨大处理过的果

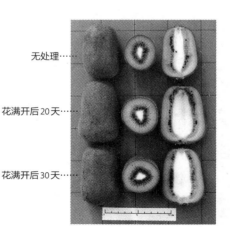

图 5-6　氯吡脲处理过后果实（香绿）也有下端膨大的果实

实采收后容易变软，在贮藏、催熟时，要和没有进行膨大处理的果实分开处理。

2 提高品质不可欠缺的夏季枝条管理

◎ 叶面积指数的标准约为 2.5

前面提及的标准（表 5-1）是叶果比为 6、结 L 级果、1000 米² 的采收量为 3 吨，1 米² 棚架平均挂果 25 个（1000 米² 挂果 25000 个）。生产这些果实所必要的叶片数量是越多越好吗？

首先叶果比是 6，乘以 25000 为 150000 片叶。按 1 片叶的平均叶面积为 150 厘米² 计算，1000 米² 的果园，叶面积总数则为 2250 米²，即叶面积指数为 2.25。

另外，果园里有不挂果的徒长枝，占全部枝条的 5% 左右。这些枝条的叶面积计为约 500 米²，叶面积指数为 0.5 左右。这些徒长枝的叶片光合产生的养分主要供应给树干和根，为下一年的果实贮藏养分。

要使产量每年都稳定在 1000 米² 的采收量为 3 吨，叶面积指数必须确保在 2.7~2.8（表 5-2）。但在棚架上叶片有密有疏，一般认为最好是 2.5 左右。

表 5-2　猕猴桃群落的叶面积指数和光合作用量的关系（末泽，1985 年）

叶面积指数	日总光合产物量 / ［毫克 / （米²·天）①］	日剩余光合产物量 / ［毫克 / （米²·天）①］
1.00	198.73	174.73
2.00	303.49	255.49
2.85②	338.65	270.25
3.00	342.93	269.93
4.00	352.99	256.99

① 日光合产物量＝二氧化碳吸收量（毫克 / 天）/ 土地面积（米²）。
② 日剩余光合产物量最高时的叶面积指数。

◎ 透光度以树下有散落的光照为标准

叶面积指数与棚架下的相对照度的关系如图 5-7 所示。叶面积指数为 2.5 时，棚下的照度大约为 5%，目测感觉地面能看见稀稀落落的光斑。如果叶片量过多，棚架下因光照不足会出现很多的落叶（图 5-8），果实品质也会参差不齐，贮藏性下降。

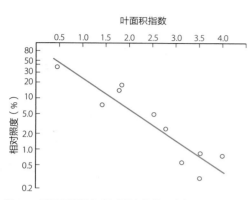

图 5-7　叶面积指数与相对照度的关系（末泽，1985 年）

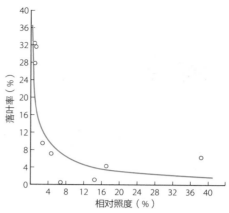

图 5-8　相对照度和落叶率的关系（末泽，1985 年）

◎ 棚面上过于茂密枝条的整理——夏季修剪实操

　　在树势旺盛的情况下，为了对枝条茂密的棚架进行整理，必须进行夏季修剪。

　　根据棚下的透光度和株数来判定需要进行夏季修剪的程度（图 5-9）。如前边所述，棚下的理想透光度是相对照度为 5% 左右 [棚下照度 /（棚上照度 ×100）]。

图 5-9　过暗的果园（左图）、明亮度适当的果园（中图）和叶量较少的果园（右图）

　　此外，对下一年侧枝更新所要保留的徒长枝，每平方米保留 1 个就可以了，其他的都可以在夏季修剪中剪掉。但是现实中修剪失败的情况屡见不鲜，其原因是不管是不是作为更新用枝条，将只要还在伸长的枝条都不加区分地剪掉。由于没有认真地确认并保留极为重要的更新用枝条，到冬季修剪时会因没有更新用枝条而比较为难。

　　从旺盛的结果枝上长出的副梢，在幼树和壮年树期上如有必要就保留，而成年树上大多不保留，这些枝条也在 7 月从基部剪除。

＜常见的问题事例＞

▶ 事例 1　即使夏季修剪仍不断冒出枝条

日本猕猴桃实行产地化种植的初期，很多人为此深感烦恼，现在因为树长势趋缓，不太听见类似的抱怨了。但是像香绿这类树势强的品种、枝条长得快的阳光金果等，仍有很多人为夏秋梢的修剪而烦恼（图 5-10）。

这个问题仅靠夏季修剪很难解决。需要多方面考虑，如树形培养，环状剥皮，在一定时期内控制树势生长等。

例如，香川县的香绿在栽培时，借用了种植葡萄时的间伐方法来扩大树冠，抑制树势生长（图 5-11）。但是这种方法虽然能有效控制树势，但一旦树长势减弱，主枝和亚主枝的向光面会出现晒伤、枯萎的情况，必须多加注意且认真解决。

另外，环状剥皮有抑制树势生长、减轻夏季修剪劳力负担的作用，但在土壤条件恶劣、排水不好的果园，树的长势可能会明显减弱。在初次环状剥皮时，在主枝和亚主枝的部分要慎重使用。

图 5-10　因管理不良，夏枝多发的果园（香川金果）

图 5-11　左右分开的树形（香绿）
因土壤条件良好，主枝可伸长到 20 米以上

▶ 事例 2　夏秋季节一直易发徒长枝，从基部将其全部剪掉

这种做法是错误的。确实不挂果的徒长枝大多数是不要的，但考虑侧枝更新的需要，必须保留几个枝条。

究竟要保留几个徒长枝，根据整形修剪的方法不同而有差异。配置侧枝的树形，因侧枝基本上是 3 年更新 1 次，所以保留靠近主枝部位长出的徒长枝并认真进行诱引，作为结果母枝使用（图 5-12）。

图 5-12　保留的更新用徒长枝（箭头指示部位）

进行不配置侧枝的蜈蚣状整形时，由于徒长枝在下一年成为基本的结果母枝，要有计划地间隔一定距离保留。

▶ **事例3　随意剪除强壮的结果枝，果实变小**

生长过于旺盛的结果母枝前端的结果枝、从主枝背上笔直向上长的枝条及长势旺盛的不协调枝条等，在最终结果节位的前一节进行修剪，也就是强摘心（图5-13）。这样不会长出副梢，可以节省夏季枝条管理作业的劳力。但是如果过度修剪、剪掉新梢前端（强摘心），会出现叶面积不足，从而抑制果实的膨大。因此，要谨慎对待强结果母枝前段生长旺盛结果枝的修剪，不能过度修剪（摘心）。

图 5-13　对难以诱引的直立枝，在挂果节位的上方修剪（箭头的位置）

3　防旱和浇水

◎　频繁浇水叶片也会焦枯

虽然猕猴桃的枝干中导管粗，方便输送大量的水分，但导管内部的水柱易断，抗旱能力非常差（参见第28页）。而且随着旱情加重很多植物会关闭气孔抑制水分的蒸发，但猕猴桃叶片的此项功能弱，即使持续干旱，气孔也不会马上关闭，所以不能很好地抑制水分蒸发。

此外，猕猴桃的根易腐烂，如果土壤的排水性差，根就不会往下生长，而是盘踞在表层土壤中。此时根系只生长在极浅表层土壤中，而根系盘踞的土壤体积＝蓄水容量，即蓄水容量变小。由于上述各种原因，猕猴桃的抗旱性差，所以叶片极易发生日灼，形成烧叶现象（图5-14）。

图 5-14　出梅后由水田改造的果园会产生烧叶现象

◎ 浇水时间和浇水量

（1）**必要的浇水量**　近年来猕猴桃树势低下、果实品质下降可以认为是浇水作业不当造成的。

实际操作中，不少果园不是根据植株的生长和根系特征来浇水，而是认为只要叶片一发生凋萎现象，就要适当地浇些水。

饭量取决于胃的大小，幼儿吃不完成人的食物量，强迫他吃完一定会出问题，不仅是食物的量，就是吃饭的时间也很重要。体力劳动者和静坐不动的人，在同一时间段吃饭也是不妥的。

这一说法也适用于猕猴桃的浇水作业。浇水量可以看作上边"人类胃的大小"，就相当于猕猴桃根系盘踞的土壤体积 × 土壤的含水量。土壤的含水量就是场地容水量（土壤最大程度含水状态下的水分含量，即"饱腹状态"）减去植物开始枯萎时土壤的水分含量（植物开始缺水时土壤的水分含量，即"肚子很饿的状态"）后所得的量。

（2）**浇水的间隔时间**　如果长时间不下雨也不浇水，土壤水分的流失就是每天的蒸发量，平均每天的蒸发量为平均每天的叶片蒸发量与地表的蒸发量之和。了解土壤蓄水容量后，通过每天的水分消耗量计算出剩余水分的预计消耗时间。表 5-3 是土层深度不同时的浇水间隔时间和每次浇水量的估算结果。

表 5-3　有效土层的深度与浇水量及浇水间隔天数的估算关系

有效土层的深度 / 厘米	限制层的水分消耗率（%）	需要浇水量 / 毫米	间隔时间 / 天
20	80	8.75	2.19
30	60	11.67	2.92
40	40	17.50	4.38
50	30	23.33	5.83
60	25	28.00	7.00

有效土层是指根能充分生长的土壤深度，有效土层浅，根系扎入则浅，而实际上根能生长到 50 厘米、60 厘米甚至更深的地方。限制层是指有效土层中接近地表且极易干旱的部分。根系扎深，即使地表附近的土层已干透，根系仍然可以吸收土壤深层的水分，在限制层吸收水分的比例较低（表 5-3 中，有效土层的深度为 60 厘米时，在限制层的吸水比例为 25%）。相反，有效土层浅，即根系扎入浅时，在接近地表易旱土层（限制层）的吸水比例高（表 5-3 中，有效土层的深度为 20 厘米时，在限制层的吸水比例为 80%），一旦表层土干、不赶紧浇水，植株就会凋萎。

在有效土层的深度为 20 厘米的果园，植株根系浅，只能在表层吸水，因为土壤的含水量小，根据计算出的浇水间隔天数为 2.19 天估算，连续 3 天不浇水，就会出现干旱情况。每次的浇水量为 8.75 毫米（1000 米² 面积浇 8.75 吨），量不大但必须频繁浇水。

相反，土层越深，一次的浇水量就越多，而且浇水的间隔天数也越长（图 5-15）。

图 5-15　对根系深的猕猴桃要浇足水，对根系浅的猕猴桃要少量、多次浇水

◎ 确定浇水时间

什么时候浇水好呢？大部分的果农都是看到猕猴桃叶片有点萎蔫就准备浇水了，果农每天一项重要的工作是仔细观察猕猴桃，一旦发现叶片开始发蔫就马上浇水，其实这时已经迟了，叶片发蔫之前浇水才是最佳方案。

方法很简单，只要往桶里装入适量的水，然后放在果园里，桶里的水位降至设定的水位之下，就可以给猕猴桃浇水了。这种装置非常简单，只需一个白色的塑料桶之类的容器，再在桶的内侧贴上一个长为 15 厘米的标签作为标注即可（图 5-16）。

图 5-16　计算浇水最佳时间的简易蒸发计

将这种简易的蒸发计装满水，放在田里太阳直射的地方。随着水分的蒸发，猕猴桃的叶片开始发蔫，这时就要浇水，并记录下蒸发计桶里减少的水的深度。这样的操作反

复做几次，计算出下降水位的平均值，并根据此平均值在桶的内侧做一个标记，然后就可以观察蒸发计，如果里面的水位快要下降至之前做记号的地方了，就可以浇水了。也可以将此简易蒸发计放在自己家门前，有几块地就放几个蒸发计，这样就可以测量每一块地的浇水时间。

用这种水分蒸发计是十分方便的，比如水位将要降到记号处了，预计明天可能猕猴桃的叶片就要发蔫了，那么当天就需要浇水；或是根据水分蒸发计预测本该今天浇水，但是天气预报说今天傍晚会下雨，那么就可以再等等；或是要外出时，就可以事先交代家人：如果水位降至此标志线以下就可以浇水了，方便家里人互相沟通交流果树的情况，对猕猴桃的种植工作帮助相当大。

< 常见的问题事例 >

▶ 事例 如果是水田改造园，即使每天都浇水也会出现烧叶现象，是因为浇水量不足吗

水田改造园是猕猴桃种植户最头痛的事。猕猴桃耐涝性很弱，其根部一直泡在水里容易腐烂。水田改造园的地下水位比较高，水位还容易变动，好不容易在深层长出的根，就会因为一场长降雨而根系长时间泡在水里，产生根部腐烂。如此一来，树的根部只有其表层还可以吸收水分，当然就会出现烧叶现象。

即使底层的土壤是湿润的，但一旦表面的土壤干燥、叶片就会枯萎，此时浇水又会使下层土壤过于湿润，助长了根系的腐烂，这就是每天浇水仍然会引发烧叶现象的原因（图 5-17）。这种水田土壤栽培出来的猕猴桃，往往由于生长中环境压力较大而品质欠佳、不耐贮藏，还容易引发枯萎病。

为了防止此现象的发生，最佳方案就是修建明渠和暗渠，将园内的地下水位降低；园区周围水田的水渗入，会造成园内的地下水位上升，因此必须在此类园区周围修建排水沟。

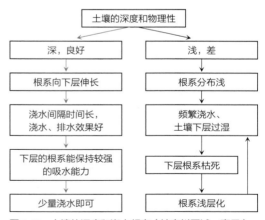

图 5-17 土壤的深度和浇水频率（神奈川园试，真子）

4 果实品质管理

◎ 猕猴桃果实的糖分需要慢慢积累

猕猴桃品质的优劣，最主要取决于糖分（可溶性固形物）含量的高低。猕猴桃的果实在成熟期会慢慢地积累淀粉，成熟采收后在乙烯利的作用下会慢慢代谢成糖分，果肉就会变甜。

如图 5-18 所示，猕猴桃采收后，从夏季至秋季其糖度慢慢变高，用折射仪糖度计测试其糖度能提高 5%~8%。果肉里的淀粉在酶的作用下分解成糖分，通过折射仪糖度计测量，我们可以知道从 7 月开始就会有相当量的碳水化合物开始积累，直到成熟采收期也不会出现糖度的快速上升或下降的现象。猕猴桃的糖度并不像桃、无花果那样在采收前急速地积蓄在果肉里，而是像长跑运动员那样在生长期一点点慢慢积蓄。

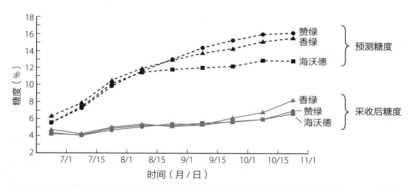

图 5-18　猕猴桃各品种刚采收后的糖度和利用淀粉酶法预测糖度的变化（福田，2001 年）
1997—2001 年 5 年间的平均值

◎ 果实品质如何认定——监测法

猕猴桃的果实具有早期快速膨大的特性，在疏果时需要一次性疏掉（参见第 72 页）。但是果实糖度的监测非常困难，果实的大小可以用游标卡尺测量一下，但是猕猴桃果肉淀粉含量的测定却是很难的。香川县就采取淀粉酶法进行糖度的监测，利用这个方法虽然费时间，但利用折射仪糖度计就可以测试，也不需要经费，在农业普及中心和日本农协（JA）就可以测试。接下来，就介绍一下此方法。

利用淀粉酶法测试糖度的步骤如下：

①将猕猴桃果肉切成约 5 毫米厚的切片，取其中 4~5 片的绿色果肉部分，用软木钻头压着慢慢敲打，形成一个小小的圆盘。

②将制作好的果肉圆盘（大约重 2 克）放入试管内，用铝箔密封好管口（图 5-19）。

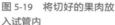

③糊化（在沸水中加热 10 分钟）。

④往里加入 2.0~2.5 毫克的淀粉酶（图 5-20）。

⑤放入恒温器中 18~24 小时，将温度一直保持在 30℃，促使淀粉酶发生反应。

图 5-19　将切好的果肉放入试管内

⑥用折射仪糖度计测量淀粉酶反应液的糖度（催熟果的预测糖度）。

图 5-20　加热冷却后，加入淀粉酶

◎ 采收前果实品质的提升

在香川县，每年的 9 月上旬开始，都会定期对猕猴桃果实进行抽样调查，通过此方法来区分不同果园的果实品质并确定各区果实的采收期。

通过上述的监测方法，可以得知猕猴桃不同年份的品质差异，另外不同果园产出的果实品质也是有差异的，通过监测就可以确定果园产出猕猴桃是否好吃。当然，现在已开发出可以利用红外线和激光在不破坏果实的前提下测定果实糖度的设备，在采收期对猕猴桃果实糖度进行监测，发现果实糖度比较低时，就可以在栽培上对下一年进行改良指导。但是，香川县利用此种监测方法，可以在果实成长过程中就监测出其糖分的高低。比如，在 8 月下旬 ~9 月上旬对糖度低的果园即可采取以下措施：

①通过在果园内挖掘多条排水沟渠，慢慢地使园内土壤干燥。此措施可以防止猕猴桃果实在采收前过于膨大，同时也可以防止迟效性氮肥吸收导致果实品质低下、秋梢萌发。

②也可以将采收期推迟到霜降之前，等果实糖分提升后采收。

以上两点都是香川县的实例。

如果树势强，可以在 8 月下旬 ~9 月上旬进行 1 次环状剥皮，对果实品质的提升会有所帮助。

◎ 通过环状剥皮提高果实的品质

环状剥皮是提高猕猴桃果实品质的有效方法，正如前文所述，如果树势强，即使在8月下旬~9月上旬进行环状剥皮也有效果；通常情况下，在猕猴桃糖度上升前的8月中下旬进行1次宽5~10毫米的环状剥皮（表5-4）。

表5-4　环状剥皮时期对香川金果品质的影响（福田，2006年）

试验区	果实重/克	果实硬度/（千克/厘米²）		糖度（%）		柠檬酸含量（%）
		采收时	催熟后[1]	采收时	催熟后[1]	
7月1日处理区	219.6	3.32	1.19ab	8.6ab	15.6b	0.28
7月15日处理区	222.1	3.37	1.40c	8.8ab	15.6b	0.29
8月1日处理区	233.0	3.21	1.11a	10.6c	15.9b	0.30
8月15日处理区	231.7	3.23	1.29bc	9.6bc	16.2b	0.39
无处理区	227.9	3.30	1.17ab	7.5a	14.0a	0.40
差异性[2]	N.S.	N.S.	＊＊	＊＊	＊＊	——

[1] 乙烯利处理后，于15℃催熟。
[2] 采用Tukey多重检测法，不同字母表示它们之间存在显著差异（N.S.表示无显著差异，＊＊表示差异达1%水平，＊表示差异达5%水平）。

需要注意的是，要维持一定的树势，对树势衰弱的树进行环状剥皮容易造成枝条枯死，如果操作不慎，甚至会造成植株死亡。因此，维持强的树势才是环状剥皮的前提条件。另外，必须注意环状剥皮会对果实的贮藏性能造成影响，对海沃德这样的绿肉系品种的贮藏性没有多大影响，但可使早熟黄肉品种的贮藏性大大降低，这种情况可能与在环状剥皮的影响下产生乙烯利有关。

在新西兰的猕猴桃果园里，很多阳光金果品种都会利用环状剥皮技术提高品质，但是对果实贮藏性问题没有影响，这可能是由于新西兰具有肥厚的土壤、温暖的气候和适当的雨量都十分适合猕猴桃，这些绝佳条件都可以缓解环状剥皮带来的影响。在日本，土壤比较瘠薄，还有35℃以上的高温、梅雨期过量的雨水、夏季的干燥气候和台风压力等因素的影响（图5-21），在对黄肉系品种进行环状剥皮时，需时刻留意要维持植株必要的长势。

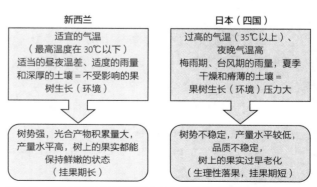

图5-21　新西兰和日本的猕猴桃生长条件差异和果实品种差异

◎ 植株营养状况的评价及改善

如果说维持适当的树势是提高猕猴桃糖度的前提，那么秋季植株体内氮素浓度低的果园，果实糖度就高。秋季植株内氮素浓度低的果园，一般来说果园的排水性能好，所施氮肥在土壤里没有保留迟效性氮素。另外，夏梢萌发少，秋根发量少（图 5-22）。

排水性差的果园，在雨量较多的梅雨期和台风季节，雨水容易引发根系腐烂，引发根量减少，更容易受到干旱危害；排水不畅通的园地，干旱时又越是需要浇水，在这样的果园里面，土壤里的有机物容易无机化，大量的氮素会在夏季被释放出来。在梅雨期结束后由于干燥就容易发生叶片日灼、落叶的现象；由于叶面积不足，在秋季就会多发秋梢，这些枝条的生长浪费了大量光合作用产生的营养物质，造成果实中淀粉的积蓄量减少，易使猕猴桃的生长陷入这样的恶性循环中。

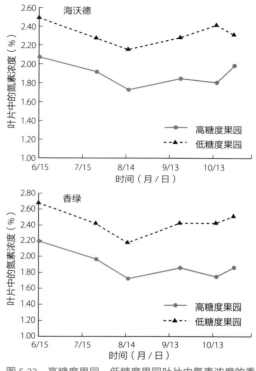

图 5-22　高糖度果园、低糖度果园叶片中氮素浓度的季节变化（中西等，1990 年）

虽然氮素的效力并不能完全制约猕猴桃果实的品质，但是在生长环境正常的果园里，管理上不要在土壤中保留迟效性氮肥也是非常必要的。

5　秋季台风的防范

◎ 9 月落叶会大量减少第 2 年的着花率

目前，日本国内的猕猴桃产地绝大部分都是直接遭受台风影响的地区，如何度过台风季节是猕猴桃栽培必须研究的课题。台风灾害会带来狂风暴雨，进而引发果树落叶和根系涝害，其中影响最恶劣的就是落叶，不同时期、不同程度的落叶对果树的伤害程度也是不一样的。

福冈县农业综合试验场的姬野专家团队早在 1985 年 9 月就开始对海沃德品种进行摘叶处理，然后调查第 2 年的着花情况。其调查结果显示，如果在 9 月 13 日进行摘叶处理，第 2 年猕猴桃的着花枝占比大大减少；如果是在 9 月 27 日进行摘叶处理，对第 2 年的着花枝占比影响较小（表 5-5）。但是，1991 年 9 月 27 日恰好有 19 号台风在九州登陆，同一个单位的小林团队，详细分析了猕猴桃遭受此台风灾害的情况，发现超过 90%、接近 100% 的果树第 2 年的开花数量都有减少现象（表 5-6）。

表 5-5　摘叶处理后第 2 年的着花情况（姬野等，1987 年）

处理方法	母枝上总芽数 / 个	发芽率（%）	着花枝占比（%）	每个新梢上的健全花数量 / 朵	每个新梢上的小花数量 / 朵
9 月 9 日全摘叶	345	48.1	24.9	1.0	1.1
9 月 13 日全摘叶	296	54.7	26.5	0.8	1.1
9 月 27 日 ½ 摘叶	118	72.0	97.6	4.3	0.9
9 月 27 日全摘叶	97	62.9	95.1	3.5	0.6
无　处　理	117	61.5	100	4.2	1.5

注：海沃德第 2 年 4 月 24~25 日的调查结果。

表 5-6　受 19 号台风影响引发早期落叶果树第 2 年的发芽和着花情况（林等，1993 年）

区	修剪回缩的母枝占比（%）	发芽率（%）	每个结果母枝			
			母枝长 / 厘米	芽数 / 个	发芽数 / 个	着花数 / 朵
50% 落叶	95.7	59.0	71.0	6.3	3.7	9.8
90% 落叶	84.7	56.2	46.4	4.9	2.8	2.3
100% 落叶	72.6	60.8	32.3	3.8	2.3	0

当然，猕猴桃的着花量与植株条件、夏季挂果量的多少及植株长势等因素有关，不能一概而论，如果在 9 月落叶，果树会造成营养不足，从而对第 2 年的着花量产生影响（表 5-7、表 5-8）。

表 5-7　受 19 号台风影响发生早期落叶果树的采收时间和果实品质（林等，1993 年）

采收时间	调查时期	单果重 / 克	硬度 / 千克	糖度（%）	果肉颜色			柠檬酸含量 /（毫克/100 毫升）
					L	a	b	
10 月 11 日	采收时	96.1	11.7	5.5	53.34	−17.90	23.34	1.54
	催熟时	98.6	4.7	9.6	46.12	−16.87	19.26	1.43

（续）

采收时间	调查时期	单果重/克	硬度/千克	糖度（%）	果肉颜色			柠檬酸含量/（毫克/100毫升）
					L	a	b	
10月21日	采收时	97.3	11.0	4.8	53.46	−15.90	23.44	1.47
	催熟时	84.0	2.3	10.4	40.13	−11.87	15.33	1.19
10月31日	采收时	85.5	11.5	5.5	50.58	−12.54	22.10	1.45
	催熟后	81.5	3.1	10.9	40.53	−12.73	15.73	1.27

注：使用水果硬度计测量，探头直径为 5/16 英寸（0.8 厘米）。
　　果肉颜色：L 指透明度，a 的绝对值越小表明果肉颜色越绿，b 的绝对值越大表明果肉颜色越黄。

表 5-8　受 19 号台风影响发生早期落叶果树的采收时间和开花情况（林等，1993 年）

采收时间	1 株的情况					1 个结果母枝的情况		
	母枝数/个	芽数/个	发芽数/个	发芽率（%）	着花数/朵	芽数/个	发芽数/个	着花数/朵
10月11日	187	1158	511	44.1	116	6.2	2.7	0.6
10月21日	221	1320	590	44.7	249	6.0	2.7	1.1
10月31日	242	1355	606	44.7	40	5.6	2.5	0.2

◎ 9 月落叶和 10 月落叶的不同处理方法

猕猴桃果实里碳水化合物的积蓄从 7~10 月一直在持续进行，在此期间如果遭遇台风，其果实品质会因落叶早而产生不良影响。

另外，前面提到的福冈县农业综合试验场的小林团队，通过对受台风影响而落叶的果树的调查发现，100% 落叶的猕猴桃，即使果实留在果树上其品质也得不到相应的改善。而且，如果一直到 10 月 31 日仍然不采收，让果实留在树上，还会造成第 2 年的开花数量大幅度减少。因此，建议采取以下的措施应对台风对猕猴桃的影响。

①落叶在 9 月中旬且落叶未不超过一半时，要对挂果量重新进行调节（疏果），这样做既可以保证当年的果实品质，也可以在一定程度上确保第 2 年有一定的开花数量。另外，如果树上的果实被阳光直射，高温环境下容易产生空心现象（图 5-23）。在被害落叶的部位，进行果实的二次调节时，应保

图 5-23　果实如果被阳光直射，容易造成果肉空心

留阳光直射不到的果实，避免空心果发生。但是，如果落叶现象很严重，那么为了保证第 2 年的开花数量，最佳方案就是将当年所结的果实全部摘除。

②如果落叶发生在 10 月，应当提前采收，确保第 2 年的开花数量。果实依照其品质的差异进行分类、分开贮藏和销售。

以上的对策目前只是个大致的思路，应对台风的危害需根据猕猴桃的所处地区、时期、品种、树龄和植株的长势不同而分别处理，受灾地区的技术指导机构也会给出相应的指导和帮助。

◎ 将台风危害降低到最小

台风危害只能坐以待毙吗，是否有一些可以降低台风灾害的措施呢？

（1）应对暴风雨果园需集中管理　首先考虑修筑防风墙。综合考虑修筑防风墙的效果和所用经费，制定周全、完美的方案似乎很难，虽然不能将全园都防护得很好，但是对于强风口要采取集中应对办法，在风害最严重的地方要对单株进行防护。

另外，在雨水灾害方面，对容易积水的、地下水位容易上升的园地，在雨水容易集中的地方需采取排水措施。这样既有助于延长猕猴桃的经济寿命，还有助于在多雨年份改善果实的品质和产量。需要注意的是，一定要有计划在休眠期将排水系统做好。

（2）选择抗风性强的品种　根据笔者的经验，猕猴桃依其品种的不同，其抗风性的差异也很大。海沃德和香绿品种的叶片较脆，容易被狂风吹折；相反，香川金果和魁蜜品种的叶片就像是皮革一样，不容易被折断吹落。与软枣猕猴桃杂交的品种香粹的叶片小而结实，即使刮强风也不会被吹落，所以刮台风时猕猴桃种植户也不用担心香粹的叶片被吹落。香川县在 2004 年遭受了台风灾害，而香粹完全没有落叶。在经常遭受台风袭击的日本，也许选择这类品种栽培的比例将逐步提高。

6 此时的病虫害防治

◎ 果实软腐病的防治

猕猴桃果实软腐病，是由潜伏在树皮和枯枝里软腐病的孢子，在 6 月的梅雨期和 9 月的秋雨期这两个雨期里进行传播，秋雨多的年份尤其需要注意。在香川县，除了会采取套袋等防护措施外，还会根据防治年历喷洒三乙膦酸铝水剂、氟啶胺和异菌脲水剂等，按病虫害防治年历进行防治。

三乙膦酸铝水剂需要依照其使用要领在采收前的 120 天使用，只能在幼果期喷洒，需要预判好采收期才能使用，注意不要用得太迟，尤其是在混种了早熟品种彩虹红的果园里注意在安全期之外使用，如果距离采收期不足 120 天，最好避免使用。

夏季喷洒氟啶胺是最有效的，但是容易引发人的皮疹等症状，所以在喷洒后的 1 周内要尽量避免进入果园。异菌脲水剂需在采收前喷洒，这种水剂的渗透性较差，在喷洒时要仔细，不能集中喷洒在同一个位置。

◎ 叶蝉类害虫的防治

近年来，日本的叶蝉类害虫有增长的趋势，虽然问题不是很大，但是发生的概率却不小，值得注意。如果虫害严重，可以用杀虫剂进行喷洒。

（末泽克彦）

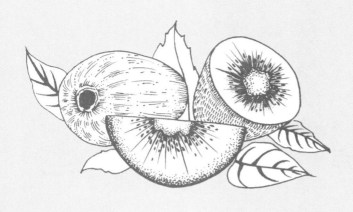

第6章

采收、催熟、贮藏

1 采收作业的要点

◎ 猕猴桃需要后熟

与柑橘、葡萄等在树上成熟后，摘下就可以吃的水果不一样，猕猴桃从树上摘下后不进行催熟就不能吃。这是一个伴随着果实成熟而进行果肉成分转换（糖分增加、酸味减少、香气增加、果肉软化和色泽加深等）的过程，且这一过程无法在植株上完成。

猕猴桃的果实在生长期间，光合作用的产物以淀粉的形式积蓄在果肉里，淀粉的含量会从6月开始直线上升，10月达到顶峰，随后会分解成糖分，淀粉含量急剧下降（图6-1、图6-2）。

但是，近年来持续引入日本的黄肉系猕猴桃品种与绿肉系品种不一样，显示出不同的成熟特性。海沃德等绿肉系品种在生长过程中果肉一直较硬，糖分随着淀粉的转化慢慢增加，果肉中的酸含量也一点点地减少。而像香川金果这样的黄肉系品种却和绿肉系品种完全不一样，果实的硬度和酸味较绿肉系品种大大降低，所含糖分却非常高

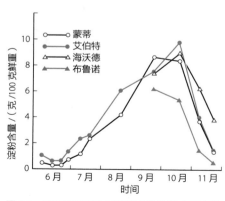

图6-1 猕猴桃果实生长发育中的淀粉含量变化
（水野等，1980年）
从6月开始直线上升，10月达到顶峰

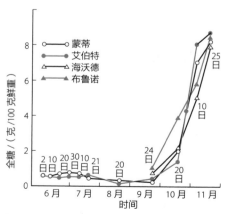

图6-2 猕猴桃果实生长发育中全糖的含量变化
（水野等，1980年）
淀粉含量在10月达到顶峰，然后转化为糖分，其含量在11月达到顶峰

（图 6-3）。另外，黄肉系品种即使在树上也容易软化，往往会被误认为已经成熟可以食用，但是其果心部分还是较硬且酸含量高，口感很差，所以绝对不能在树上完成后熟。

那么如何判断猕猴桃果实的适合采收期呢？

◎ 最佳采收期的确认

猕猴桃果实成熟时依然较硬、果皮颜色也没有变化，所以很难准确判断合适的采收时间。其实，采收的果实内淀粉含量较大，不经催熟是没法判断其品质的。那么，可以用什么方法来判断其果实是否可以采收了呢？

（1）采收期的糖度　从果实的生长发育规律来看，采收期是淀粉积累结束，开始分解为糖的时候，这个指标判断可以利用折射仪糖度计来衡量。

绿肉系品种的糖度为 6%~7%。海沃德是绿肉系品种，当其糖度上升至 6%~7% 时，就可以采收了，这个时期大概在 10 月下旬~11 月上旬，应年份不同会有前后 2 周左右的差异。采收时间太早、后熟后糖度低；太晚采收、容易遭受霜冻危害，贮藏性差。

近些年，受到暖冬气候的影响，日本各地都有初霜和落叶的时间推迟的倾向，所以有时候也不一定需在糖度为 6%~7% 时采收，也可以适当推迟采收日期，增加果实的糖分含量。但是，一旦采收前发生

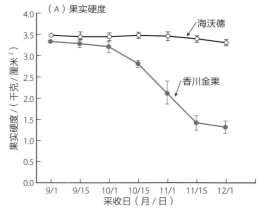

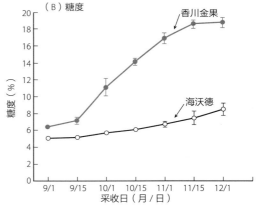

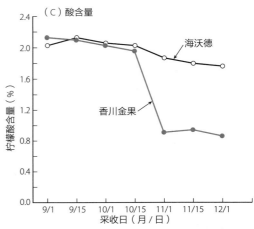

图 6-3　不同品种的果实在树上的成分随时间的变化（福田，2004 年）

霜降,猕猴桃果实必然就会遭受伤害,需要在初次霜降前完成采收。

黄肉系品种的糖度为9%~10%。黄肉系猕猴桃的成熟期较早,一般是在10月中下旬。表6-1是对不同采收时间香川金果采收后和催熟后品质的调查结果。采收时间较晚,果实经催熟后的糖度较高,颜色更黄,果实品质高、口感更好。

表6-1　不同采收时间的香川金果采收后与催熟后[1]的果实品质（福田,2004年）

试验区	满开后周数[2]	果实硬度/（千克/厘米²）		糖度（%）		柠檬酸含量（%）		色相角度h[3]		口味评价[4]	
		采收后	成熟后	采收后	成熟后	采收后	成熟后	采收后	成熟后	采收后	成熟后
9月1日采收	17周	3.35d	1.28ab	6.3a	13.8a	2.11	0.36	106.7d	107.8f	1.0	2.0
9月15日采收	19周	3.31d	1.27b	7.2a	15.7b	2.09	0.32	102.7c	98.7e	1.0	2.4
10月1日采收	21周	3.22d	1.43ab	11.2b	16.4bc	2.03	0.35	97.9b	97.4d	1.0	4.4
10月15日采收	23周	2.82c	1.48b	14.2c	17.5cd	1.95	0.62	94.6a	95.5c	1.0	4.6
11月1日采收	25周	2.16b	1.47b	16.9d	17.5cd	0.91	0.65	94.5a	94.1ab	1.0	4.6
11月15日采收	27周	1.44a	1.30ab	18.6e	18.0d	0.94	0.65	93.7a	94.8bc	1.0	4.2
12月1日采收	29周	1.33a	1.25a	18.8e	18.6d	0.86	0.57	92.9a	92.8a	1.7	3.7
有意性[5]		**	*	**	**	—	—	**	**		

① 乙烯利处理后,于15℃催熟。
② 盛花日为5月6日。
③ 90度为黄方向,180度为绿方向。
④ 1为极不良,2为不良,3为良好,4为极好。
⑤ 通过Tukey多重检测法计算,不同字母表示它们之间存在显著差异(＊＊表示差异达1%水平,＊表示差异达5%水平)。

但是,采收过晚,果实在树上开始软化,果实的表皮就会皱缩（图6-4）。软化的果实贮藏性明显下降,所以需要细心观察果实的生长状态决定采收的时间。

通过之前的观察数据可以得知,果实的生长发育过程中,黄肉系猕猴桃比绿肉系猕猴桃的糖分含量高,糖分含量一旦超过10%,证明果肉中的淀粉已经急速分解成糖分。和绿肉系品种相比,黄肉系猕猴桃糖分含量达9%~10%时开始采收,但是

图6-4　在树上软化的果实（香川金果）

这在其糖分急速增长的成熟期往往容易忽视,从9月下旬开始就要细致地调查。

◎ 采收和入库的要点

（1）**果实绝对不能有损伤**　摘果时，轻轻地握住果实，然后掐断果梗，果实与果梗就很容易分离。如果胡乱地用力掐断果梗，会使果梗部残留一点果梗，果梗的断头会刺破其他果实的果皮。另外，如果光着手采收，指甲也容易划破果皮，哪怕只混入一个有伤口的果实，伤口软化时产生的乙烯利气体就会使整箱果实贮藏性下降并导致腐烂。采收和贮藏时最重要的是不留有伤的果实（一定要戴手套），不要混入软化果。

万一真的出现有伤的果实，请尽快出售，或是提前留出来自己享用。

（2）**果实温度下降后放入冷库**　如果猕猴桃的采收期内有降雨，早晨的湿度高，容易使果实受潮，此时的果实贮藏后容易滋生细菌并发霉，助长果实软化和腐烂，因此果实潮湿时不要盲目采收，最好先把表皮的湿气晾干再采收。

另外，最好选择在果实没有升温的上午完成采收任务，当然在采收旺期也可以下午采收。采收后尽快放入冷库冷藏保存，如果采收时果实温度偏高，可以放在阴凉的地方待其温度降至常温后再放入冷库保存。如果将温度较高的果实直接放入冷库，此时的果实呼吸强度较大（表6-4），容易在塑料袋内结出露水，果实在贮藏期内会容易软化、腐烂，因此采收后的果实必须等到果实温度降下后才能入库保存，有时需要等到第 2 天再入库。

表 6-4　猕猴桃果实不同温度下的呼吸强度

温度 /℃	呼吸强度（二氧化碳）/[毫升 /（千克·小时）]
20	8.0~9.0
10	6.0
4~5	3.0
2	2.2
1	0.97~1.6
0	1.3

◎ 按园地、果实品质等划分等级

猕猴桃果实的品质优劣不仅受果园管理水平的影响，也受果园自身条件的限制。而且研究报告显示，同一个果园、同一株果树上的果实品质也不完全一样，不同果园出产的果实品质存在差异的现象就更加严重。因此，不同果园的果实，需要根据果实的糖度和特性（如贮藏性的优劣、是否易于腐烂等因素）划分等级，上市出售前根据其品质等级统一划分，同一批次的果实品质和等级要一致，这是增加产品附加值的重要措施（表6-5）。

表 6-5　香川县根据糖度划分的园地案例（香川县）

品种	品牌名	平均糖度[①]	最低糖度[①]
香绿	组合 16	15.5%以上	14.0%以上
	特选	14.5%以上	13.0%以上
	正规	14.5%以下	—
香川金果	黄肉	14.5%以上	13.0%以上
	特选	13.5%以上	12.0%以上
	正规	13.5%以下	—

① 利用淀粉酶法预测糖度，1 个果园抽取 15 个果实进行检测。

2 评价果实健康状况——确保贮藏成功

　　猕猴桃果实的贮藏，需要果实的硬度合适（用硬度计测试在 3 千克 / 厘米^{2}以上），果实表皮上的茸毛需保留完好、没有脱落，果皮的褐色较浓艳、没有干瘪，大小中等。当然，一定要选没有伤痕、没有病虫害、没有软腐病的果实。那么，猕猴桃的果实贮藏会受哪些因素的影响呢？

◎ 影响果实贮藏性的因素

　　（1）栽培园地，特别是土壤的深度和树势　栽培猕猴桃的园地，需要土层较厚，排水和光照条件好。虽说猕猴桃是浅根性植物，但是并不能种植在耕作层太浅的土壤中。特别是把柑橘地转换成猕猴桃园地后，由于土壤里的氧含量较少，根只能扎在浅土层，这就是不适合的土壤造成的后果。在耕作层很厚的新西兰，猕猴桃的根系可以扎到 4 米以上的深度，而且树势强健。耕作层浅，猕猴桃的根系也浅，其根系容易遭受干旱的影响而枯死，果树长势就会受到影响，树叶也会脱落，这样生产出来的果实贮藏性就不好。

　　另外，果园的排水性能不好，水分容易停滞在土壤里造成过度潮湿，果实在贮藏中就会过早软化，特别是水田改造成猕猴桃园产出的果实，这种情况较为严重（图 6-7）。

　　另外，光照条件较差的果园，由于新梢郁闭，棚下环境阴暗，光合效率低下，进一步助长了落叶。果实健康状况不良，容易遭受病虫危害，因此其贮藏性也会差好几个等级。

（2）气候，特别是夏秋季节的高温　在日本，自产的猕猴桃与位处南半球的新西兰出产的猕猴桃，能相继接连上市出售，全年供应。如果把两国产的猕猴桃果实进行比较，日本自产的猕猴桃果实的贮藏性要比新西兰产的差，特别是黄肉系品种会更加明显。这种现象产生的原因，除了日本和新西兰两国的土壤深度差异之外，还有日本夏季气候的影响。

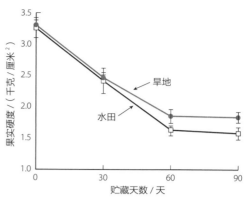

图 6-7　栽培园地不同，低温贮藏中的香川金果果实硬度也不同（福田，2007 年）

新西兰的夏季比较凉爽舒适，日本的夏季梅雨期一过就是持续的炎热酷暑，就连夜晚也相当炎热。近年来，这种气候倾向越发严重，这种气候条件下，就像人会萎靡不振一样，猕猴桃植株也会过度消耗，这也是日本自产猕猴桃的果实贮藏性比新西兰产猕猴桃差的原因（图 6-8）。

图 6-8　日本自产猕猴桃在贮藏中容易软化的原因

另外，在秋季高温干旱的年份里，较容易产出糖度高、品质好的果实，但是在这样的年份里，开花期的日平均气温积累值偏高，果实容易在树上成熟，错过最佳采收期。这种果肉早熟的果实，其糖度和硬度不平衡，因为这种果实在树上果肉中的淀粉就已经逐渐转化为糖分，在催熟、贮藏的过程中容易过早软化。此类果实，即使硬度超过了成熟的标准，但是已经达到可食用的状态了。

鉴于此种情况，再结合其他的因素，猕猴桃尽量要选种在夏秋两季没有高温影响的地方栽培。

受高温影响弱的园地，一般坡朝东北方向，西晒较弱，夜晚的温度下降比较快，昼夜的温差较大。在西晒较强的园区，昼夜温差较小，猕猴桃受到高温影响而产生巨大的消耗，造成日灼落叶现象，新梢生长不良，导致结出的果实偏小，甚至出现空心果、果实表面茸毛脱落等。相反，在没有西晒的地方，夜晚温度下降较快，即使在白天受到高温影响，到了傍晚后也会恢复，容易维持树势。

相比绿肉系品种，黄肉系品种更加容易受到高温的影响，容易引发早期落叶、落果、果肉着色不均（变成黄绿色的果肉）的现象。通常来说，黄肉系品种的猕猴桃贮藏性较差，容易在树上软化，再加上高温的影响，植株容易过度消耗，需要比海沃德等绿肉系品种更加细致的种植管理（表6-6、图6-9）。

早期落叶果

正常果

图6-9　香川金果早期落叶果园的果实果肉颜色不够深
早期落叶园的成熟果实果肉还是绿色至黄绿色的

表6-6　早期落叶对催熟后[①]的香川金果果实品质的影响（福田，2005年）

试验区	果实重／克	糖度（%）	柠檬酸含量（%）	果肉颜色		
				L	C	h[②]
早期落叶果园	136.9	13.2	0.61	59.2	30.0	100.0
正常果园	169.0	16.3	0.53	60.9	27.7	95.0

①　乙烯利催熟后，于15℃催熟。
②　90度为黄方向，180度为绿方向。

容易遭受高温影响的果园每年都需要给猕猴桃罩上遮阳网，或是种植一些可以形成树荫的树木，这是避高温的非常重要措施。

（3）采收期的迟早　采收期的迟早对果实的品质和贮藏性的影响很大，一般来说，采收过早的果实催熟后的糖度较低，采收过迟容易遭受霜降的影响，贮藏性较差。近几年，由于暖冬的影响，初次霜降和落叶期都推迟，为了提高猕猴桃果实的品质也会推迟采收。海沃德等绿肉系品种本身较硬，即使推迟采收，只要不遭受早霜危害，对其贮藏性没有太大的影响。不过，黄肉系品种如果推迟采收容易在树上软化，贮藏性就会变差（图 6-10）。

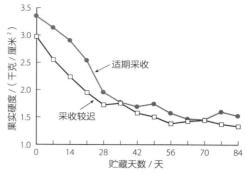

图 6-10　推迟采收的果实软化的速度较快（香川金果）果实在 5℃ 的环境中贮藏

（4）果实健康状况的综合评价　到此为止，通过对影响猕猴桃贮藏性要素的分析，以及对图 6-11 的要素与对策的总结，可以试着对各自种植园进行观察和诊断了。

	原因	具体内容	对策
栽培条件	土层深度	土层浅，根系分布就浅，受干旱的影响根容易枯死	改良土壤（施有机肥、客土、深耕）
	排水性	排水不良的园地，由于滞水过湿的影响，根容易腐烂	采取排水措施（挖暗渠、开排水沟、高垄种植）
	日照条件	大棚下光照不足，叶片的光合效率低下，容易落叶	采取适当新梢管理措施（夏季修剪）
	立地条件	在西晒强、夜间温度难以降低的园地，植株营养消耗大	采用遮阳网或是种植遮阳树种
气象条件	夏秋季节高温干燥	高温导致植株营养消耗	采用遮阳网或是种植遮阳树种
	台风	早期落叶影响植株营养积累	设置防风林
栽培管理	采收时间	推迟采收，促进成熟	适时采收

图 6-11　影响猕猴桃贮藏的因素及对策（福田）

◎ 冷藏方法和贮藏效果

（1）贮藏温度为 1~2℃　为了抑制果实的呼吸，利于长期保存，温度的管理非常重要。一般贮藏的温度越低，越能维持果实的硬度，腐烂的发生率较少，也能长时间贮藏。

另外，猕猴桃冷藏在 –1.5℃ 时，会结冰，因此冷藏的温度应为 1~2℃，考虑到贮藏库的性能、大小，设定最低温度不要低于 –1℃。

此外，还要事先对果树园地的状况进行评价分析、对果实品质进行分类，按照贮藏性特点及出货时间等进行温度设定（表 6-7）。贮藏性不强的果实应尽早出货、贮藏性强的果实可以贮藏较长时间。

表 6-7　贮藏方法和特点（真子，1987 年）

贮藏方法	贮藏时间	贮藏条件	保持果实特点和贮藏效果的方法
常温（短期）	2~3 个月	1~10℃，100%RH	①贮藏前进行低温处理（20 天）可以延长贮藏时间 ②保持固定的贮藏温度 ③最好用土壁式 ④温度在 −1℃ 以上 ⑤光照充足的果实
低温（中期）	4~5 个月	（5±2）℃，100%RH	①简易低温贮藏库 ②确保温度准确 ③循环通风时库内温、湿度均匀 ④入库率保持在 15% 以下
低温（长期）	6~7 个月	1~2℃，100%RH	①循环通风时库内温、湿度均匀 ②有通风管道 ③排放要有间隔 ④严格选果 ⑤生产贮藏性好的果实

注：RH（Relative Humidity）指相对湿度。

（2）贮藏湿度为 80% 以上（MA 贮藏法）　为了防止水分蒸发造成果皮皱缩，贮藏的相对湿度要保持在 95% 以上（图 6-12）。要在低温下维持这样高的湿度，裸果贮藏时必须使用加湿机，在大型贮藏场所选果分类后贮藏的情况下，要用简易的 MA贮藏法。在塑料箱内铺上厚 0.03 毫米左右的聚乙烯薄膜，放入果实后折叠薄膜将果实

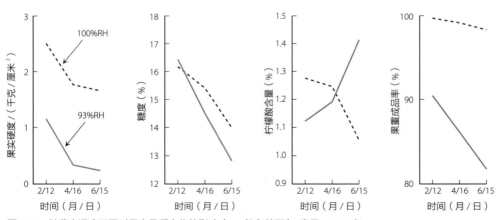

图 6-12　贮藏中湿度不同对果实品质变化的影响（5~6℃条件下）（真子，1982 年）

包装起来贮藏（图 6-13），这种方法非常实用，聚乙烯薄膜包装能抑制果实的呼吸和水分的蒸发，库内的湿度保持在 80% 以上就可以了。为了减少薄膜内的结露和抑制长霉，可以将报纸放在薄膜上。

MA（Modified Atmos-phere）贮藏法是用塑料箱和薄膜把果实包装起来，抑制果实的呼吸、减少蒸发、提高果实贮藏性的一种方法。在超市的蔬菜等都是用薄膜包装的形式进行销售，这就是 MA 贮藏法。

（3）包装袋用聚乙烯塑料袋 与聚乙烯塑料袋相比，乙烯基塑料袋的透气性差，用它包装贮藏果实，果实消耗的氧气不能得到补充，处于一种低氧状态，最后的结果是猕猴桃的果实中乙醇、乙醛等增高，产生腐败异味。贮藏时要避免使用乙烯基塑料袋，而使用聚乙烯塑料袋。

（4）贮藏室的大小和贮藏量 猕猴桃是利用塑料箱来进行贮藏的，放入塑料箱中的猕猴桃的量不能超过承载总重量的 70%~80%，若放入大量的果实，会因猕猴桃呼吸造成温度上升，即使再放入冷库温度也降不下来。果实的温度不降，就会消耗自身的养分，导致贮藏性下降。

同样，利用塑料箱贮藏时，也不能堆积得太高，要让冷气透过箱体的全部空间，堆积之间要留出 20 厘米左右的间隔（图 6-14）。

图 6-13　利用塑料箱的 MA 贮藏法（香川金果）

图 6-14　定制贮藏库内的塑料箱

◎ 乙烯利的吸收和吸附状况

猕猴桃和乙烯利的关系比较复杂，将果实催熟致可食状态必须要乙烯利，但是长时间贮藏时却不需要乙烯利。在选果和贮藏过程中软化的果实会产生乙烯利，助长了其他果实的软化。我们在采果、选果、入库时把这种软化的果实检出来，因为这种果实有可能感染了软腐病的病菌只是没有表现症状。通常情况下，将乙烯利吸附剂放入贮藏的塑料箱中，能起到防止果实软化和腐败的作用。

乙烯利吸附剂种类有多种，从效果和价格上看，高锰酸钾常被应用作乙烯利吸附剂（图6-15左）。将重量3.5千克果实封入1个放有乙烯利吸附剂的袋子中进行贮藏（图6-15右）。

图6-15 利用乙烯利吸附剂防止果实软化和防止腐烂
使用高锰酸钾作为吸附剂（左）。香川金果的果实每3.5千克封入1袋并封口（右）

乙烯利吸附剂的效果因品种和果实的健康状况而有所差异，对海沃德等绿肉系品种硬度的保持效果很好，但对黄肉品系的效果就相对较差（图6-16）。这说明不用乙烯利诱导也能使果实软化，而黄肉系品种很早的就进行了乙烯利释放。同样的绿肉系品种，果实健康状况不良的园地生产的果实同样软化速度较快，乙烯利吸附剂的效果较差。

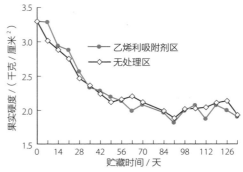

图6-16 对黄肉系品种香川金果用乙烯利吸附剂保持硬度的效果很差（福田，2004年）
5℃的条件下，CS膜吸附剂

3 较好的催熟方法

◎ 猕猴桃的果实不能自己成熟

猕猴桃采收后果实硬而酸，不能立即食用，需要放置一定的时间等软化后才能食用，这称为后熟。

以前，我们认为猕猴桃果实成熟与乙烯利有关，称其为呼吸跃变型果实。但是近年的研究表明，它应该属于非呼吸跃变型果实。通常来说，呼吸跃变型果实成熟时能自己产生乙烯利，使果实成熟。与此相反，猕猴桃是非呼吸跃变型果实，要依靠外部乙烯利诱导自身释放乙烯利完成后熟过程，也就是说没有外部乙烯利催熟就不能成熟（图 6-17）。

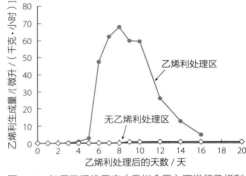

图 6-17 如果猕猴桃果实（香川金果）不进行乙烯利处理，自己是不能生成乙烯利的（福田，2007 年）

未成熟的猕猴桃用乙烯利处理后，其呼吸量上升，促使自身释放大量乙烯利。同时，有氧活动旺盛、果实软化、淀粉转化成糖分、酸含量减少、苦涩味降低、生成香气，从而达到完全成熟，这就是猕猴桃果实的催熟过程。在此过程中，果实自身乙烯利生成和呼吸量上升、酸含量减少、苦涩味降低、香气形成等与乙烯利相关，但果实软化、淀粉糖化与乙烯利没有关系。猕猴桃长时间贮藏即使没有用乙烯利处理也可以食用，但香气不足、果肉色浅、果心硬、酸性大，口感不佳，这是因为没有乙烯利果实内有些成分没有发生变化，也就是说催熟不充分。黄肉系品种比绿肉系品种软化早及淀粉糖化快，这一点必须明确。因此，为了让消费者吃到美味的猕猴桃，乙烯利处理是不可少的一个环节（图 6-18、图 6-19）

◎ 好吃的猕猴桃果实的催熟要诀

现在，猕猴桃通过催熟达到可食用状态才上市场流通，但是，即使是标识为可食用状态的果实，还会出现有时过硬、有时过熟、有时果皮干瘪等各种各样的成熟度问题。

黄肉系猕猴桃和绿肉系猕猴桃对乙烯利的反应程度也不一样，就是同样的温度下两

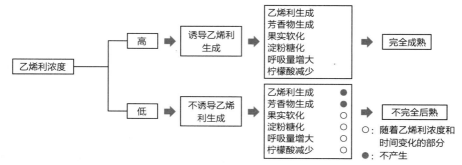

图 6-18　不同浓度乙烯利处理，催熟程度变化及后熟机理（矢野，1993 年）

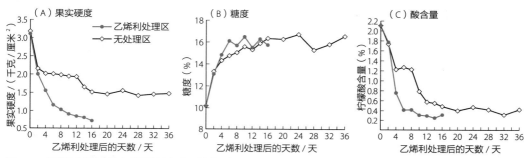

图 6-19　乙烯利处理对黄肉系品种果实（香川金果）品质的影响（福田，2007 年）

者达到可食用状态的天数也不一样（图 6-20）。

为了给消费者提供味道好的猕猴桃，需要从细微处着手。从事猕猴桃产业除了从品种上考量外，更重要的还要从催熟技术上认真把关，才能提供优质的猕猴桃果实。

（1）绿肉系猕猴桃的催熟方法　绿肉系猕猴桃的催熟方法是，在预制好的库房内充满 0.5~1.5 毫升 / 升的乙烯利气体，温度在 15~20℃密闭 24 小时。在果量少的

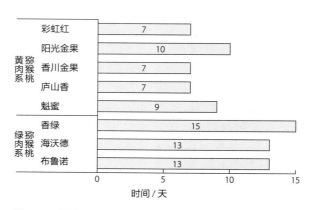

图 6-20　猕猴桃主要品种催熟需要的天数
催熟温度为 15℃

情况下，用瓦楞纸板的包装箱或是箱柜等，再用市面销售的乙烯利催熟剂（如日本园艺联合会推荐的"熟时"或白石钙公司推荐的"甜熟后盾"）进行催熟，按每 3.5 千克果实放入 1 盒催熟剂的比例，用聚乙烯薄膜包装后进行处理（表 6-8）。

表 6-8　绿肉系品种和黄肉系品种的乙烯利处理条件

品种	乙烯利处理条件			催熟	
	浓度 /（毫升 / 升）	处理时间 / 小时	处理温度 /℃	催熟温度 /℃	催熟时间[①] / 天
绿肉系猕猴桃	0.5~1.0	24~48	15~20	15	10~14
黄肉系猕猴桃	0.001~0.1	12~24	15	10~15	5~10

① 　根据品种、果实质量、出库时的硬度不同，处理条件也不一样。

采用乙烯利气体瓶，价格便宜且可以长时间处理。使用方法是：计算出柜子或袋子内的容积，进行充气[○]。再用注射器按照所需要的量从充满乙烯利气体的密闭容器中抽取乙烯利，注入柜子或袋子（图 6-21）。这需要有一点操作经验。如果经验丰富，也可以直接向袋子或柜子注入乙烯利气体（图 6-5），在这样的场合中，需要依靠制取装置，通过计算水的流量的方法计算气体的流量。

图 6-21　使乙烯利气体充满密闭容器，根据浓度要求用注射器抽取后，再注入袋子或柜子

乙烯利处理后，为防止过熟，要除去乙烯利气体，保证在 15℃左右进行催熟。如果要求早熟，催熟温度保持 20℃左右，但这容易助长果实软腐病的产生，这点应该引起注意。另外，如果果实健康状况不是很好，应该一直在低温状态下进行处理。进行催熟处理的过程中，由于果实的呼吸造成氧气不足，应该经常进行不定时换气。对绿肉系的猕猴桃要催熟 10~14 天，但根据品种、果实的健康状况的差异、乙烯利处理后的温度及出库时的硬度要求等对催熟时间的长短进行微调。

（2）温度在 15~20℃时最适合进行催熟处理　上面我们介绍了催熟的基本方法。绿肉系猕猴桃现在在消费得眼中仍然有"酸、硬"的感觉，其主要原因大多是乙烯利处理及催熟时温度过低。

作为植物激素的乙烯利，温度越高产生的作用就越大。如果温度为 20~30℃，处理

○ 在长 30 厘米、宽 20 厘米、高 20 厘米的容器中，按注入乙烯利气体浓度为 1 毫升 / 升计算以下例子。容器的体积为 30×20×20÷1000=12（分米 [3]），即 12 升。为了达到浓度 1 毫升 / 升，12×1=12 毫升。从以上的计算中可以推出，应该用注射器吸取 12 毫升乙烯利气体注入容器。

的效果很高，但温度达 20℃以上，猕猴桃果实就容易产生软腐病，所以，催熟温度必须在 20℃以下。相反，如果温度在 10℃以下，处理效果就很差，就不能诱导果实生成乙烯利，就好像没有采用乙烯利处理一样，果实一直是硬的。

为了提高乙烯利的处理效果，食用前要进行催熟，在乙烯利处理时的温度及处理后的温度要控制在 15~20℃（表 6-9）。为了防止过熟，果实成熟达到食用标准时应该在 5℃的低温条件下进行贮藏，按照销售不同阶段对成熟度要求，调节温度在 5℃左右，进行及时出货销售，这样就减小了过热产生的果实过熟腐烂的风险，能够较长时间保持可食状态。

表 6-9　黄肉系品种和绿肉系品种的催熟技巧（福田）

品种	催熟要点	具体方法
绿肉系品种	充分发挥乙烯利的效果	①乙烯利处理后温度保持在 15~20℃ ②按照销售商的要求，达到合适的成熟度后将温度调节为 5℃，可以防止过熟
黄肉系品种	通过乙烯利处理后的温度调节，保持适当成熟度状态	①乙烯利处理后，在 10~15℃进行后熟，认真地确认果实的后熟阶段 ②果实硬度在 1.8~2 千克 / 厘米 ^{2} 时，保持 5℃贮藏 ③抑制催熟后期多余的乙烯利生成，慢慢地推进成熟，延长果实最佳食用时间

（3）黄肉系品种猕猴桃的催熟方法　和绿肉系品种相比，黄肉系品种对于乙烯利的敏感程度较高，催熟更容易。一旦进行乙烯利处理时，果实本身也会迅速产生乙烯利，因而易产生过多的乙烯利，使果实过熟，导致猕猴桃的可食用期变短。黄肉系猕猴桃在进行乙烯利处理时，果实自身会被诱导产生乙烯利，重要的是猕猴桃自身不能产生过剩的乙烯利。因此乙烯利处理的浓度要稀一点、催熟温度要低一点，使其慢慢后熟。

实际处理过程中因品种不同也有差异，乙烯利浓度为 0.001~0.1 毫升 / 升、温度为 15℃、处理时间为 12~24 小时是我们所期望的（表 6-8）。处理后于 10~15℃进行贮藏，为防止过快后熟，处理后放在低温（5℃）下贮藏，以抑制其后熟进程，这是黄肉系品种最基本的催熟方法。

（4）硬度到 1.8~2 千克 / 厘米 ^{2} 时，催熟温度要降至 5℃　黄肉系猕猴桃贮藏，在保证可食状态的同时，更重要的一点是怎样能长时间维持其可食状态。因此，乙烯利处理后必需仔细认真地对果实成熟度和温度进行必要的管理，具体地说就是要查看处理后的果实成熟度，果实的硬度在 1.8~2 千克 / 厘米 ^{2} 时，应当进行 5℃贮藏（表 6-9）。这样做能够抑制后熟期过剩乙烯利的生成，使果实成熟度逐步推进，达到延长成熟期的目的。图 6-22、图 6-23 显示了香川金果不同温度变化（从 15℃降至 5℃）下进行

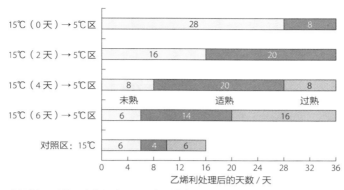

图 6-22　乙烯利处理后的温度变化（5~15℃）对黄肉系品种香川金果口味的影响（福田，2007 年）
适宜成熟度口味的评价：1 为非常不好，2 为不好，3 为一般，4 为良好，5 为非常好，在这当中要达到 3 以上
乙烯利处理：0.1 毫升 / 升 、15℃、24 小时

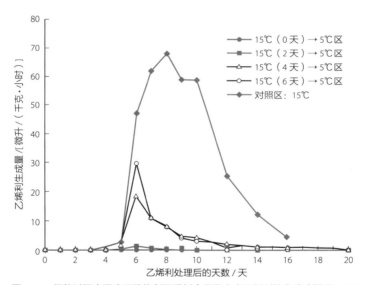

图 6-23　催熟过程中温度下降抑制了香川金果果实中乙烯利的生成（福田，2007 年）

催熟的结果，研究认为调节温度能抑制果实自身过剩乙烯利的生成，达到延长果实食用时间的目的。

　　硬度为 1.8~2 千克 / 厘米^2 是一个什么样的概念呢？开始时可以用硬度仪测量，长期习惯后凭手感就能确认。另外，从 15℃降至 5℃的温度变化管理需要准备 2 个贮藏库，这是为了保证高品质黄肉猕猴桃口感恰到好处。但是即使准备了 2 个冷藏库，若错过 5℃的贮藏期，也会导致过多的乙烯利产生，就不能达到延长最佳食用时间的效果。所以，确认调节温度的最适宜期是最重要的。

◎ 面对不同销售渠道时的催熟注意点

猕猴桃销售渠道的多样化，因出货方式、销售点对果实成熟度的要求而有所差异，因此需要有相应的催熟技术，在此介绍一下面对不同销售渠道的猕猴桃的催熟技术（表6-10）。

表6-10　面对不同销售渠道的催熟要点（福田）

销售地	成熟度	必要条件
市场流通	50%~80%	加强信息互换交流
水果专营店	10%~50%	标记可食用时间
专供学校	食用时完全成熟（100%）	不能有次品
网络销售	送达时完全成熟（100%）	标记可食用时间
产地直销	80%~100%	标记可食用时间

注：1. 成熟的标准：10%（有点硬），30%（稍有点硬），50%（软带点硬），80%（已经完全熟，对喜欢酸味的人正合口味），100%（像完全成熟的桃子一样，可立即食用）。
　　2. 完全成熟的感觉为手摸有果实的感觉，硬度计不能显示数值。

（1）**市场流通**　具有一定店面面积的销售商或中间商，他们对货架期长、损耗少、有一点硬度的商品猕猴桃很青睐，销售时如有问题他们愿意承担赔偿责任，他们认为催熟过的果实会染上软腐病。现在很多市场经营者对催熟产品有了一定的了解，我们可以针对各种商店客户的需求，提供不同成熟度的商品。

在这种情况下，我们可以根据商家和客户对成熟度的要求，在市场公示果实的成熟度，按市场和客户要求的成熟度进行催熟后运送到市场。具体地说在果实成熟度达50%~80%时，5℃冷藏出货。

当然，这就需要种植户和市场方面做好信息对接和沟通工作，建立相互信任和理解关系，才能保证使客户买到满意的猕猴桃。

（2）**水果专营店**　水果专营店以销售礼品商品为主，因而销售中特别要求果实的货架期，另外，因为高端购买层很多果实的附加值得到增值，美味的猕猴桃果实供给是不可缺少的。水果专营店对猕猴桃果实的成熟度有要求，因此，催熟技术必须重视货架期。送往水果专营店的以成熟度达10%~50%、稍硬的果实为好，5℃冷藏出货。

另外，要进行可食用时间的标记，使消费者能吃上真正美味的猕猴桃，这一点需要我们用心去做好。

（3）**专供学校**　在水果排序中，猕猴桃作为儿童不太喜爱的水果出现，这是因为催熟不充分的猕猴桃吃起来具有酸味。而在人们喜爱的水果排序中，也有猕猴桃出现，这是因为它味道甜美而受到人们的欢迎。这种情况的出现主要取决于催熟成功不成功造成人们对口感和酸味的不同感受。

对学生提供猕猴桃水果时，如果提供的不是口感好的猕猴桃，学生会产生对这种水果的厌恶情绪，甚至长大后也不食用猕猴桃，所以，专供学校的必须是好吃的猕猴桃，绝对不能有次品。

供应学校的猕猴桃水果一定要事先做好送货计划表，按催熟所需要的时间进行换算，提供时正好是其最佳食用状态，成熟度不够可以适度调高催熟的温度、如果后熟快可以降低温度，按所需成熟度时间进行微调，保证果实送达学校时达到最佳食用状态。

吃上味美猕猴桃的孩子们，是我们将来重要的客户群体，让他们知道猕猴桃真好吃，今后我们猕猴桃的消费群体才会逐步扩大！

（4）**网络销售** 随着网络的普及，从网络平台购买猕猴桃的客户增加，拓宽了销售渠道。通过网络平台进行评价、迅速扩大影响力，好品质的猕猴桃持续受到好评，品质不好的马上就会在网络上受到差评。为了得到较高评价，催熟处理在这其中是非常重要的一个环节。

很多人想从网上买到立即就能吃的成熟猕猴桃，即商品送达后，马上就可食用，所以要进行果实的后催熟，并必须对最佳食用时期进行明显的标记。如果网上销售能顺利送达时正处于最佳食用时期，就是增加消费者数量的最好机会，今后的消费者也会逐步增多。

（5）**产地直销** 产地直销的情况下，要把附有猕猴桃生产者信息的标签贴在商品上，用美味可口的果实吸引顾客。和网络销售一样，需要提供合适成熟度的猕猴桃果实，并标记最佳食用时间等。具体的后熟要求标准是，将水果催熟至成熟度达 80%~100% 的阶段，冷藏在 5℃ 的条件下出售。

＜常见的问题事例＞

▶ 事例 1 已经做完乙烯利处理了，果实还是很硬

原因在于：一是乙烯利处理时或者处理后的温度过低，二是果实后熟时氧气供应不足。

将生硬果贮藏在冰箱中的例子很常见。若将生硬果放在冰箱中，它会一直保持生硬的状态，最后果实的表皮干瘪。通过乙烯利的有效处理，使果实在被食用前完成后熟。乙烯利处理时及处理后（后熟阶段）的保存温度设定在 15~20℃。

另外，时常有生产者用较厚的薄膜包住果实进行催熟，厚薄膜透气性差，果实进行呼吸容易使包装内的氧气浓度偏低，包装膜内氧气不足，乙烯利的作用会降低，导致果

实一直偏硬。催熟时最好使用透气性好的 0.03 毫米厚低
密度聚乙烯塑料膜，既有利于换气也能提供氧气，从而达
到催熟的目的。

▶ 事例 2　为什么果心总是硬的

果心硬这种现象多出现在黄肉系的猕猴桃中，原因
是后熟时间不足和未进行乙烯利处理。与绿肉系猕猴桃相
比，黄肉系猕猴桃的果实的软化和淀粉的糖化要快，容易
错过最佳可食状态。但是要使得果心软化，必须进行乙烯
利处理，并且果心比起果肉的软化要更缓慢，所以如果催
熟不充分，果心容易硬（图 6-24）。果心还硬的时候，要
延长后熟时间。

不进行乙烯利处理则果心硬，更容易保存，这种说
法是错误的。

图 6-24　香川金果催熟不充分则果
心较硬（上图），充分催熟则果心
较软（下图）

▶ 事例 3　催熟开始时会产生异味

催熟开始时一般会产生 2 种味道，一种是因为催熟增加了果实的香气成分；另一种
则是因为杂菌等产生的异臭。前者是果实所具
有的独特芳香味，而后者则是腐臭味。

果实散发腐臭味的原因是催熟温度过高，
如果用 20℃以上温度进行催熟，虽然催熟进展
快，但是果实表面的杂菌繁殖也会旺盛，导致
腐臭味的产生。有腐臭味的果实伴随着催熟过
程容易发生软腐病（图 6-25、表 6-11）。

图 6-25　催熟过程中发生的软腐病，见标有○的
部分（香川金果）

表 6-11　催熟温度对海沃德果实软腐病发病程度的影响（芹泽等，1998 年）

栽培地域	调查数 / 个	发病果概率（%）			果实平均病斑数 / 个		
		20℃	15℃	10℃	20℃	15℃	10℃
富士市	30	80.0	36.7	23.3	2.4	1.1	0.9
清水市	20	75.0	50.0	20.0	3.9	1.5	0.3
静冈市	20	50.0	40.0	10.0	1.1	0.8	0.1
平均	—	68.3	42.2	17.8	2.5	1.1	0.4

注：果实于 1982 年 11 月 10 日～11 月 15 日采收，在 5℃贮藏。1983 年 2 月 1 日出库后，各区随机抽检 20 个或者 30 个果
实作为试验对象。对发病情况调查安排如下：20℃的区间为 2 月 28 日～3 月 7 日，15℃的区间为 3 月 7 日～4 月 5 日，
10℃区间为 3 月 7 日～4 月 10 日。调查时的果实硬度，不管哪个区间都是 0.3~0.4 千克 / 厘米²。

　　为了防止催熟时出现异臭和腐烂，基本的催熟温度要控制在 15~20℃，根据不同品种或不同的果实健康状况，有时会将温度下调至 10℃ 以下进行低温催熟。另外，在催熟库内会因为果实的呼吸容易引起氧气的不足，乙烯利气体容易产生过剩，所以要进行定时多次的换气。

▶ **事例 4　猕猴桃的哪部分比较甜**

　　果实部位不同甜度也有差异，柑橘从顶部、葡萄从肩部开始成熟，所以这些部位比较甜。那么猕猴桃哪部分比较甜呢？

　　把果实从中间（赤道部）横向切开来看各部分组织（果肉部、种子部、果心部）的糖度，果心部位的糖度最高（图 6-26、表 6-12），且这与猕猴桃的品种品系等都无关。另外，从垂直方向的果梗部、赤道部、果顶部进行比较，绿肉系的猕猴桃不论哪个品种，果顶部糖度最高；而黄肉系猕猴桃虽有不同的品种、品系的区别，但差距不是很显著。

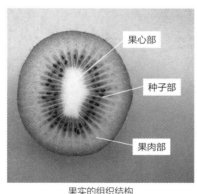

果实的组织结构

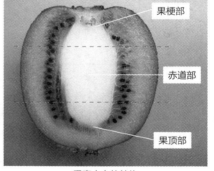

垂直方向的结构

图 6-26　猕猴桃果实的断面（海沃德）

表 6-12　猕猴桃果实内的糖度分布（福田，2007 年）

系列	品种	垂直方向的糖度（%）			赤道部各部位糖度（%）			果实平均糖度（%）
		果梗部	赤道部	果顶部	果肉部	种子部	果心部	
d.	海沃德	12.7	14.5	16.3	14.6	14.2	16.0	14.4
	香绿	17.5	17.8	18.1	17.8	17.2	20.6	17.8
	布鲁诺	16.3	16.2	16.9	16.1	15.8	18.9	16.6
	蒙蒂	16.2	16.1	16.6	16.0	15.8	18.6	16.3
	艾伯特	17.2	17.7	18.0	17.6	16.9	20.2	17.7
	格雷斯	16.3	16.7	17.0	16.9	15.5	17.8	16.8

（续）

系列	品种	垂直方向的糖度（%）			赤道部各部位糖度（%）			果实平均糖度（%）
		果梗部	赤道部	果顶部	果肉部	种子部	果心部	
c.	庐山香	13.7	13.9	14.5	13.6	13.1	15.5	14.3
	黄皇后	15.4	15.5	16.2	15.1	15.2	17.4	15.8
	江西 97-1	16.4	15.3	15.4	15.3	14.6	16.3	15.7
	金丰	12.5	12.9	13.2	12.5	12.7	13.8	13.0
	魁蜜	16.2	15.8	15.8	15.7	15.4	17.5	16.0
	红妃	17.7	18.9	18.9	18.5	17.9	19.7	18.9
	彩虹红	18.1	20.0	19.5	19.0	18.6	20.6	19.3
	香川金果	18.2	17.7	17.7	17.9	17.9	20.5	18.2
	阳光金果	17.9	17.4	17.5	17.5	16.8	18.1	17.8
	通山	16.5	16.1	16.3	16.2	15.7	17.0	16.4
	APC-8	16.8	16.0	16.5	16.0	15.1	16.7	16.5
	79-1-2 :141	18.1	18.8	19.6	18.7	18.6	21.5	18.9
c. Xd.	赞绿	17.8	17.6	18.0	17.9	16.6	18.8	17.8
a. X d.	香粹	17.2	16.9	16.9	16.6	16.8	17.8	17.4

注：系列中，d. 为美味猕猴桃（A.deliciosa），c. 为中华猕猴桃（A.chinensis），a. 为软枣猕猴桃（A.arguta）。

▶ **事例5 通常家庭会将比较硬的猕猴桃和苹果放在一起贮藏，这样容易变软。为什么选择苹果呢**

实际上，苹果的乙烯利生成量较多，产生乙烯利的时间也长，而且苹果自身的贮藏性也好，这是把苹果作为催熟剂的主要原因。苹果根据品种不同有些可以持续生成乙烯利 50 天以上。香蕉在成熟的那刻乙烯利生成量达到顶峰，之后就渐渐减少。在香蕉生成乙烯利达高峰时将猕猴桃一起放入催熟也可以使猕猴桃软化。但是想知道香蕉成熟顶峰这个时间点是很难的，另外一旦超过这个时间点，香蕉的乙烯利生成量就下降了，会造成猕猴桃无法变软。在这点上，苹果的乙烯利生成时间长，无须考虑其成熟期，所以效率也高。苹果中的津轻、王林、乔娜金这几个品种的乙烯利生成量高。

另外，在没有苹果的情况下，将猕猴桃的畸形果故意弄伤，可以使其外部生成乙烯利用于催熟。

（福田哲生）

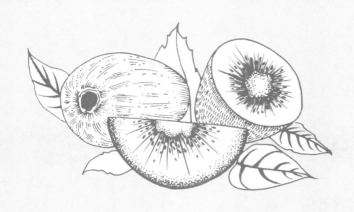

第 7 章

新园、新栽、
改植、更新

1 新园建设——园地的选择

◎ 具备高品质果园的立地条件

（1）**不要使用水田改造地和面对强风的地块** 在日本，猕猴桃的生产地域，都是经过讨论论证确定出来的区域，或是猕猴桃生产者较多、农协会员较多的地区，这些区域的会员都希望能生产出高糖度猕猴桃，采用了较好立地条件的地块。也就是说，将缓斜坡地、排水较好的地、西晒不强的地、温度变化不是太大的地块作为猕猴桃生产园地。众所周知，猕猴桃栽培应该避开排水不良的场所。排水不良的场所生产的猕猴桃果实糖度不高、贮藏性差，还容易发生病虫害等；即使树龄小的植株还没有出现问题，但伴随着树龄增长，树势衰弱、病虫害发生率高等问题也会暴露出来。

早春季节，发生强风会导致新梢折断、被台风危害导致落叶等情况都是致命性的，所以最好避免在位于风口的地块种植猕猴桃。与此相反，通风条件不良的地块也不行，湿度过高、水分滞留时间长，容易发生细菌性花腐病，不得不采用环状剥皮解决一些问题，所以园内一定要通风透气。现在，发芽期早的黄肉系品种栽种较多，选址时更要提前进行预测评估，尽量避开易遭受晚霜危害的地块。

能完全避开以上所有问题的园地不多，但放在首位是避免使用排水不好的园地。

（2）**水田土壤建园时应客土栽植和开设暗渠** 有时，不得已而选择水田栽植猕猴桃的情况下，必须进行土壤改良。

水田的土壤透水性差、保水性强。虽然种植户经常说"这个水田排水好"之类的话，但保水性强本身就是水田的特性。如果积水数天，猕猴桃就会发生根腐病。想要在水田里栽植猕猴桃，必须将土壤改良为不积水的状态（此时的水田已经不是真正的水田）。

综上所述，一般的水田如果改植猕猴桃，需要做以下的改造：

①用适合种植的砂土进行客土。如果没有大雨，就不会产生积水现象。雨停了以后地面会出现含水量饱和现象，为了避免这种情况产生，首先要对土壤的排水性进行改良。按透水系数达到 0.001 厘米 / 秒为止进行土壤改良。

②为了不使地下水位上升，采取修暗渠或是筑高垄措施，确保有效土层厚度在 40 厘米以上。

水田土壤中的水，不仅是纵向渗透不良，横向也渗透缓慢，所以仅开设地下暗渠，排水还是不充分的。即使表层掺入砂土进行客土，也并没有改善下层土壤的排水性，还是容易发生根腐病。表层客土和地下排水方案（暗渠或明渠）同时进行是非常必要的（图 7-1）。

图 7-1　水田改造的园地，需要设立暗渠

（3）出现这样的情况时怎样判断　原本种植蜜柑的果园，有避风较好、土浅还容易干的地块（A）和排水良好、周围是水田的平坦地块（B），让你在 A 和 B 中选择一个地块来种植猕猴桃，你会选择哪块地呢？

对地块 A，要把土挖深、松土的同时，还需要增设灌溉设施；地块 B 的四周是水田，种植水稻后的夏季，地下水位开始上升，所以必须高垄栽培。从经营角度上考虑，以有效土层厚 40 厘米为标准，然后比较这两个地块土壤改良的成本，再做出决定会比较好。

具体来看，地块 A 需要土壤改良（重型机械深耕）和引入灌溉设施的成本，地块 B 则需要降低地下水位的成本（具体来说，就是客土法提高土层和设置暗渠、灌溉设施的成本），比较这两者的成本，选择相对较低的就可以了。

如果是我，只要有充足的水源地保证灌溉用水，我应该会选择地块 A。

◎ 准备棚架、防风设施、灌溉设施

栽培猕猴桃有 3 个不可缺的基础实施是：棚架、防风设施和灌溉设施。

猕猴桃的棚架和葡萄棚架的构造是相同的，但是和葡萄相比，猕猴桃不光是果实的采收量（重量）大、枝叶的量也更多。另外，猕猴桃要过了台风季节才能采收，所以需要更高强度的棚架。图 7-2、表 7-1 是笔者所在地区的一般性猕猴桃棚架的结构图和材料名称。笔者认为为了更容易地把枝条诱引到棚架上，所以比起图示还要将支架线的密度增加 1 倍（图 7-3）。

在新西兰为了防止强风对猕猴桃枝条和果实的危害，在其周围一定要设置防风篱（图 7-4）。在日本早春也有强风或台风来袭，为减少其损失，最好也能设置防风篱或设

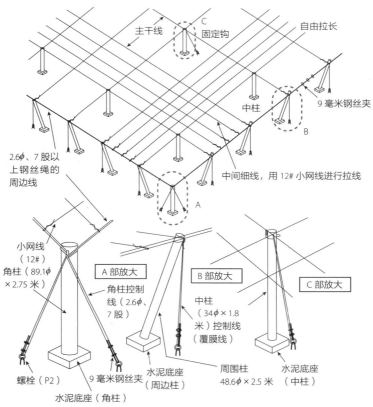

图 7-2 猕猴桃棚架（钢架）装配图（福井）

置防风网（图 7-5）。

　　营造防风篱的适合树种有罗汉松、珊瑚树等，而且此类树木生长周期长、枝叶繁茂、易遮挡阳光，每年要进行枝叶的修剪。种植黄瓜等时使用的是横竖交错编织的防风网，虽然设置起来很容易，但是对于强风而言，防护效果不足，如果是大型园地，希望可以分区域进行设置。

图 7-3 棚架上的小网线间隔 30 厘米，方便诱引枝条作业

　　在雨水较多的地区，也有不需要增设灌溉设施的情况，但是就一般情况而言，还是希望能备有灌溉设施为好。排水差的水田改造园地和地下水位高的园地容易发生根腐病，因为根系变浅，所以有必要频繁浇水。土层厚、排水好的园地则根系强壮，灌溉间隔期也较长，灌溉设施的重要性也相对变小。

图 7-4　新西兰的高防风篱猕猴桃园

图 7-5　香川县的猕猴桃防风篱及防风网

表 7-1　猕猴桃棚架设施所用的材料（以每 1000 米²计）

序号	品名	数量
1	角　柱（89.1ϕ×2.75 米）镀锌铁丝	4 个
2	周边柱（48.6ϕ×2.5 米）镀锌铁丝	42 个
3	中　柱（34ϕ×1.8 米）镀锌铁丝	21 个
4	角柱水泥底座	4 个
5	周边柱水泥底座	42 个
6	中柱水泥底座	21 个
7	角柱网格镀锌防锈铁丝	4 个
8	周边柱网格镀锌防锈铁丝	42 个
9	中柱网格镀锌防锈铁丝	21 个
10	螺　栓（P2）	8 个
11	螺　栓（P1）	42 个
12	9 毫米钢丝夹	24 个
13	周边线（14#，2.6ϕ，7 股以上钢丝绳）	150 米
14	主干线（12#，覆膜线）	684 米
15	引　线（12#，覆膜线）	210 米
16	小网线（12#，覆膜线）	2.250 米
17	固定钩（P1）	5 个
18	固定线材（覆膜线）	26 米

　　就像之前所提的应该选择什么样的园地为好（参见第 116 页）。如果选定了拥有土层厚、排水好的土壤的地块作为猕猴桃种植园地，可以说猕猴桃栽培就已经成功了一半。

◎ 苗木采购要点

适宜的猕猴桃砧木品种开发还尚未普及，通常以海沃德等美味猕猴桃的实生苗木作为砧木进行嫁接的较多，同种间进行嫁接还没有发现什么问题。但是随着树势的衰弱会发生病原菌的入侵，所以有必要选择对病原菌有抗性的品种作为砧木。

第 3 章介绍了猕猴桃的枝枯病和立枯病等症状，其病因还不是十分清楚，很多改植树会发生生长发育不良的情况，也怀疑是不适应当地的立地条件所致。

发生根结线虫虫害的苗木，请注意一定要将其清理出园区，不要留在园地中。

◎ 定植方法

新栽时，在定植穴放入堆肥等土壤改良材料，并和土壤充分混合，最迟要在 11 月之前完成。

按每一个定植穴投放腐熟的堆肥 40~60 千克、钙镁磷肥 200 克、苦土石灰 200 克，要和土壤充分混合。如果是水田改造园地，请提前起 40~60 厘米的高垄。

要注意土壤的 pH，使土壤保持弱酸性。必要时可以用石灰等进行 pH 的调整。

在日本西南温暖地区，3 月中旬根系开始萌动，所以定植要提前到 2 月下旬进行（图7-6）。定植完成后，在植株下部铺上稻草等覆盖物，既能防止杂草生长，也能防止土壤干燥。在苗木充实的芽眼部位短截，并设立支柱诱引枝条生长。

图 7-6　定植要在新根萌动之前进行

2　改植时间的确定和改植方法

◎ 以树龄达 30 年为基准

在日本，全国的猕猴桃树势都有不断下降的趋势。树龄 20~30 年的猕猴桃已经到了经济寿命年龄的上限吗?

棚架栽培猕猴桃的叶片生长量是有上限的，光合作用的总量也有一定的上限。但是主干、主枝和亚主枝等每年都在增长，猕猴桃的主干、主枝和粗枝等为了保证中心枝干的生存，其枝干的呼吸量每年都在增加，收入（光合作用的总生产量）却不能增加，若先行扣除的费用（枝干的消耗量）年年增加，可供生产采收的量（果实生产能力）则年年减少。

将主干的粗细程度作为植株枝干的量性指标，也就是从其横切面的面积（T）除以树冠面积（C）的值（我们把它叫作T/C比）来看。随着树龄的增长，T/C的比会越来越大，采收果实（相对挂果面）的比例会越来越少（图7-7）。从这个数据来推断猕猴桃的经济树龄，可以明显得出结论：树龄达30年的猕猴桃的果实生产能力相当低下（图7-8）。

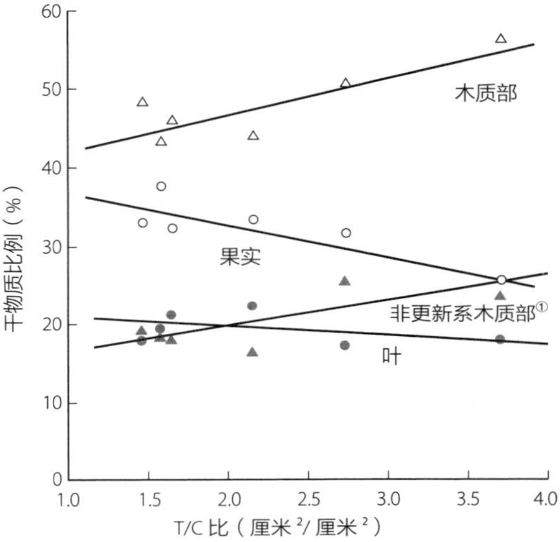

在最近的猕猴桃果园中：

①随着树龄增长，果实的生产能力逐步下降，但是为了维持其产量，就要过度地进行果实增产，最终会导致生根量逐步减少。

②这种原因，其结果是导致树势下降。

③更有甚者，对病害、台风、大雨等抗性降低，更容易发生次生病害。

图 7-7 T/C 比和各部位干物质重量的占比关系（末泽，1987 年）

①主干、主枝和亚主枝没有进行修剪和更新，作为非更新系的木质部。

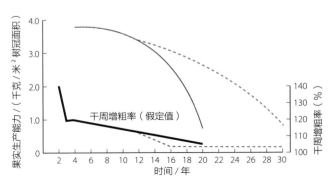

图 7-8 每年果实生产能力变化模型（末泽，1988 年）

从树龄达 11 年开始，实线和虚线部分分别为干周增粗率变化的 2 个例子

正如我们所担心的，以上的情形在不断发生。

但是，在新西兰能看到这样的场景，树干要1个人才能抱的过来、树龄在50年以上的海沃德猕猴桃，还非常健康，依然在结果，这应该是土层深厚、排水良好、根系在土层中充分扩展的缘故。这也告诉我们，只要条件好，猕猴桃的树势也可以维持较长时间（图7-9）。

图7-9　根系扩张、扎根较深的新西兰猕猴桃古树仍然健壮

由水田和柑橘地改造成种植猕猴桃的园地，大多数土壤条件恶劣，像这样的园地栽种的猕猴桃，植株本身也接近栽培临界线了。在很多园地可以看到亚主枝和主枝遭受日灼、枝条枯萎（枝枯病）多发等情况，这是临近改植更新时期的样子。

另一方面，在土层深厚的土壤中栽培的猕猴桃，如果主枝很健康且树势良好，就暂时不需要进行改植，在加强管理的同时，维持原来的长势就可以了。

◎ 改植的实际操作

（1）部分改植还是全部改植　树势下降，若发生台风和长期降雨，根系生长就容易产生问题。由于结果过多和环状剥皮等会造成生根量减少，根量减少就容易产生主枝和亚主枝被太阳灼伤、枝枯病，导致树冠无法维持，这样的例子很多。

不管是水田改造的园地还是坡地园地，树势的衰弱一定都是从某一个个体或是园内的某一个区域开始渐渐发生的。在改植的时候，一定要事先进行判断，这种情况是涉及整个园区，还是只是一小部分的个体发生。做出准确的判断，是我们决定是否需要进行改植的重要依据（图7-10）。

因为园内一部分植株的树势和其他植株相比有很大差异，所以进行了部分改植。但是，当有些猕猴桃植株出现生长发育不太正常的状况时，大多先考虑是否出了土壤问题，尤其是要考虑土壤排水性是否出现了问题。此时，可以用小型挖掘机挖出排水沟，并对土壤状况不良的部位进行土壤改良。

如果发现树势衰弱出现在全园区，此时应该进行全园改植。不过此时的作业难度较大，有棚架的障碍，还有客土比较困难等。如果有可能，可以将园地换到适合的地方，这样更便于操作一些。

	产生的原因	相应的对策
树冠一部分衰弱	枯枝症的发生	对大的修剪痕迹涂保护剂
	枝条日灼	对日灼部位更新及用日灼防护剂处理
树冠整体及园内整体衰弱	排水不良造成的根腐病	实施土壤排水措施（明、暗渠等）
	立枯病的发生	进行土壤排水？（方案未确定）
	结果过多	控制着果量
	木质部增多（树木老化）	粗枝的修剪更新
	土壤条件变差（物理性、化学性）	对土壤（特别是中层 30 厘米）有计划地投入有机物
	连作的园地	改植时填土替换改良
	过度环状剥皮造成生根量减少	最小限度使用环状剥皮

图 7-10　树势衰弱的产生原因和相应的对策（末泽）

（2）改植时土壤改良的要点　改植时，一般是要将有问题的植株或者枯死的植株砍伐掉，重新种植新苗。如果保留以前的老植株，可在它的旁边重新种植上新植株，这是很容易做到的事情。但是为什么之前的植株枯死了？如果这个枯死的原因不查明并解决，新种的苗木也不能正常生长发育。

大多数的园地，土壤环境的恶化是造成树势衰弱的最初原因。因此要引进可以在棚架下可以作业的小型机械，认真清理土壤中残留的根系，增加排水性好的砂性土，这样苗木的初期生长会变得旺盛。

（3）大棚的更新改造　如果进行改植，最好要把棚架重新整理一下，确认大棚柱子的基部是否被腐蚀了、角柱等固定部位是否牢固、线的松紧度是否合适等。

更多的是会发现柱子的基部有破损、角柱有松动、线也松了导致棚架整体变低等。除了角柱的更换等要委托专业人士外，其他的操作只要有紧线机就并非难事（图 7-11，可以在网上检索购买）。

最简单的棚架修补办法是插入数量较多的立柱，把塌下的棚面重新撑起来（图 7-12），用直径为 1 英寸（约 2.5 厘米）的立柱根据园地管理者的身高进行截断，在顶端预先弄出十字形的切口放棚线。在

图 7-11　改植时用紧线机拉直棚线

棚线的十字交叉部分插入立柱，为了防止其下沉，可以在立柱的下面垫上石头作为平台固定，这样做就可以大大地提高今后的劳动效率了。

◎ 用自育苗进行改植

有些种植户想选用自家繁育的苗改植。当种植户选用自家的优良品种进行繁殖育苗时，一般是先用实生种子繁育小苗，作为砧木培育，然后进行嫁接。同时，树势强的品种可以进行扦插繁殖，也可用枝条进行嫁接繁殖。用插穗扦插繁殖砧木时，要从树势强、细根量多、可用作插穗等多方面进行考虑，显然选用布鲁诺等一般的绿肉的美味猕猴桃品种比较好。用黄肉系的中华猕猴桃品种作为插穗，成活率不高。

若进行扦插，有在3月用保湿的休眠枝插入鹿沼土的方法、也有6~8月在喷雾条件下的绿枝扦插（图7-13），2种方法都要用生根剂处理以提高扦插的成活率。

图 7-12 用钢管制作的简易棚架的立柱

图 7-13 绿枝扦插的状况

3 高接更新

◎ 几种高接更新方法

用高接法进行品种更新是一种非常普遍的更新方法，猕猴桃的高接也比较容易成活，所以不仅可以在棚架的高处进行嫁接，也可以将主干直接切断，在主干截断面进行嫁接（图7-14）。

另外，还可以利用从砧木（或被更新树）基部萌发的芽，促其生长，培养成砧木进行嫁接更新。

香川县种植户的一般性做法是：在棚架上的侧枝上进行多处嫁接，嫁接成活的枝条在第 2 年立即作为结果母枝使用。这样做的结果是可以将不结果的时间控制在 1 年以内。而且在接近主干和主枝处嫁接萌发的枝条容易长大，也可以将其作为主枝和亚主枝的更新枝使用。

想要在主干处对整株进行更新情况下，将主干在短一点处切断回缩，可以在切口处直接进行嫁接，也可以如前述在植株基部生长的砧木芽上直接进行嫁接更新，之后再把原主干伐掉。这样做树冠的恢复需要花一定时间，由于是在主干处进行更新，对树势复壮还是有效果的。另外，在修剪的时候，就要有意保留砧木上萌发的芽，防止发生失误的情况，修剪也会变得简单。

◎ 接穗的准备

准备接穗时，要在冬季修剪时选用充实的枝条，用石蜡进行封蜡处理。将接穗装入塑料袋后放入冰箱贮藏直至嫁接时使用（图 7-15）。

石蜡处理方法和对一般的落叶果树的处理方法一样。利用石蜡熔点低（40~50℃）的特性，将其放入电加热器中加热至 80℃左右，然后快速将接穗放入，进行枝条表面石蜡涂层处理。如果用热水加热进行涂层处理，石蜡封层很厚，接穗上有时会出现皱裂纹。

图 7-14　通过高接更新
①是切接，②是腹接，③是从主干部位切接

图 7-15　石蜡处理，用开水直接加热

加热温度较高可以使石蜡封层薄一点（图7-16）。

不需要一下子准备大量接穗的情况下，可以用石蜡膜胶带等将接穗全部包裹起来冷藏，然后需要时可以直接进行嫁接（图7-17）。

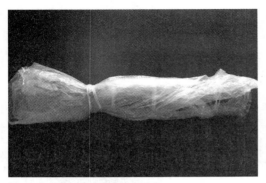

图 7-16　接穗用塑料袋包装后保存

注意：用石蜡处理后的接穗用塑料袋包好，防止干燥

图 7-17　用石蜡膜胶带绑扎接穗进行的嫁接

成活后的芽可以突破胶带生长

◎ 嫁接的实际操作

（1）**嫁接时间最好在1月**　嫁接作业在树液完全停止的1月进行为最佳。全园更新也最好在1月进行。错过了这个时期，树液进行流动了，操作会变得困难，嫁接成活率也会降低。从5月开始，叶片的蒸发量变大，嫁接切口的接穗插入部位有树液积蓄，接穗容易生长，但是这个时期，接穗及植株在某种程度上都会有叶片，树液也进行流动了，进行全园更新变得相对困难。

（2）**腹接、切接均可**　嫁接的时候，用腹接法、切接法都是挺容易的。

主枝和主干腹接时，要将厚树皮削掉，切入形成层并插入接穗进行腹接，成活率也较高。若采用切接法，因为能直接看到形成层，所以嫁接更加容易。

腹接时，要考虑到发芽后的新梢的诱引走向，接穗的芽要朝向下方，或者横向嫁接（图7-18）。如果腹接时接穗芽向上方，今后的诱引就比较困难，这点要引起注意。

图 7-18　高接时接穗生长朝向下侧，方便今后枝条的诱引

全园更新时，大批量进行嫁接可以提高效率，比如有些种植户使用与枝条粗度相符的嫁接刀，一下子就可以在砧木的嫁接部位切出嫁接口，然后插入准备好的接穗（图 7-19）。这样做的成活率虽然不是很高，但 1 天之内能完成较大的工作量，作业效率提高了。

图 7-19　用嫁接刀进行的嫁接作业
准确度虽然不高，但工作效率提高了

◎ 嫁接后的管理

接穗发芽之后产生的新梢，由于容易下垂，所以要尽早将新梢诱引到棚架上。另外在主干上进行切接的情况下，一定要插竹竿对新梢进行诱引。

嫁接后发出的枝条，准备用作主枝或亚主枝的更新候补枝时，诱引时要使枝条沿着更新枝的上侧生长。

有的品种在接穗发芽的新梢上会着生花芽，如果让其结果会抑制新梢的生长，一旦发现这样的情况，要立即进行摘蕾、摘花。

如果棚架上的侧枝要全部更新，亚主枝和主枝会发生日灼，所以可以涂上一些白涂料或是石灰涂料，以防止温度升高产生日灼（图 7-20）。

有时腹接后，即使接穗发芽了，之后生长不好的情况也时常发生，其原因是嫁接部位前端的新梢生长过于旺盛（顶端优势会抑制下部芽的生长），其他的枝条光照不足。当砧木上萌发的芽在腹接部位前端，需要将砧木上萌发的芽剪除或者进行短截，这样有助于接穗芽的生长。另外，若接穗发芽后光照不足，要对其他枝条进行管理，使其有较好的光照。

图 7-20　进行整体更新时，要用白涂料喷涂，防止日灼

以上所有的嫁接方法，都必须除去砧木上的芽，特别是侧枝更新时，接穗较多，容易漏掉一些砧木上萌发的芽，所以一定要注意抹芽。

夏季以后，从嫁接的新品种的枝条上会产生旺盛的副梢，在副梢整理修剪时，对留下的副梢枝条尽可能进行诱引，促进其生长充实。

< 常见的问题事例 >

▶ 事例 1　接穗的成活率低

接穗的成活率低的原因：嫁接植株的问题和嫁接方法、接穗的问题等。

首先，确认砧木的根系是否受伤了。另外，需要确认嫁接部位以下、原来的主枝和主干是否有枯死现象。如果有枯死，必须果断回缩修剪到基部。

其次，确认嫁接操作好不好。特别是老植株的皮很厚，一直要切到露出形成层不太容易。不能一口气成功切开，需要一点点地谨慎切开，保证形成层活性好很重要。

最后，如果接穗太干燥，成活率也会降低。所以，采集接穗后要及时进行石蜡涂层处理并立即用塑料袋密封保存，这点也是非常重要的。

▶ 事例 2　接穗不生长，但砧木芽不断地长，是怎么回事

如果砧木芽一个劲地长，并长出很多，接穗芽生长就会停滞，所以一开始就要仔细对砧木进行抹芽。有时不留意导致残留的砧木芽长大时，也千万不要犹豫，直接全部抹除。但是对主干基部和根部那里发的潜伏芽，可以根据具体情况留有 1~2 个，因为它们在第 2 年可以作为主干更新枝，到那时将主干候补枝笔直向棚架上诱引，使其充实健壮地成长。

（末泽克彦）

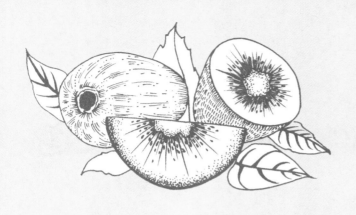

第 8 章

土壤改良
及施肥

1 獼猴桃适宜用什么样的土壤栽培

◎ 獼猴桃的根系分布

表 8-1 中是对 8 年生獼猴桃根系分布的调查结果。这是在夏季多日没有浇水的情况下，发生叶片日灼现象的园地中的 1 株獼猴桃。

表 8-1　獼猴桃根系分布状况及所占比例（大熊等，1983 年）

距主干距离		0~1 米		1~2 米		0~2 米	
		根重 / 克	占比（%）	根重 / 克	占比（%）	根重 / 克	占比（%）
土壤深度	0~10 厘米	1945	62.7	869	28.0	2814	90.8
	10~20 厘米	181	5.8	105	3.4	286	9.2
合计		2126	68.6	974	31.4	3100	100.0

注：8 年生的海沃德。
　　距离主干 2 米以外、深 20 厘米以上的土壤中几乎没有发现根系存在。

从细根的水平分布看，距离主干 1 米范围以内的约占 70%、1~2 米的约占 30%、2 米以上范围的几乎看不到细根。从垂直分布上来看，距离地面 10 厘米以内的细根约占 90%、10~20 厘米深度的细根约占 10%。由此可以看出细根主要集中在极浅的土层范围之内。

但是，并不能完全说所有的獼猴桃都是浅根系，对于频繁浇水的獼猴桃园而言，根系的分布范围狭浅是肯定的。

在爱知县果树试验场进行的同样的根系分布调查中，由水田改造的园地（覆盖客土 10cm）的植株，它的根系分布比香川县的要深，土深 10~40 厘米的根系占 94%（图 8-1、图 8-2），根系的水平分布几乎与前者同样，在距主干超过 2 米范围几乎没有发现根系。这说明獼猴桃的根系分布依赖土壤的物理性质，集

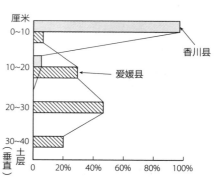

图 8-1　根系垂直分布对比（香川农试、爱媛果试）

中在比较小的土壤范围之中。

但是，在猕猴桃主产地新西兰的陶朗加地区，由火山灰形成的土壤排水性较好，土层深厚。据报道，猕猴桃的根能扎入 4 米深的土壤中。猕猴桃根系耐涝性弱，在坚硬的土壤中难以伸长，但是在进行适当改良的土壤中种植，就会出现像新西兰那样根系发达的猕猴桃，对环境的抵抗力也会增强。因此，为了生产出高糖度的猕猴桃果实，有必要提高和改良猕猴桃种植地土壤的透气性和排水性。

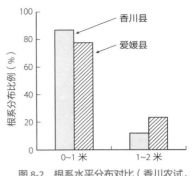

图 8-2　根系水平分布对比（香川农试，爱媛果试）

◎ 优先改良土壤排水性——特别是对黄肉系品种

在排水不畅的地方种植猕猴桃，其果实容易发生病害，果实的贮藏性不良、糖度低、产量少、提前落果等情况经常发生。

这在属于中华猕猴桃的黄肉系品种中表现更加明显，由根腐病引起抵抗力降低、提前落叶等，造成果肉颜色呈浅黄绿色。同时，会产生果实的贮藏性明显下降、果实硬度很快下降、果皮发生皱缩等各种问题（参见第 6 章）。

上述问题，在土层比较深厚的新西兰也许就不是什么问题了，但是在日本西南的温暖地带，在土层浅等许多环境因子对植株的作用下，像彩虹红、阳光金果等品种很容易出问题。

在日本西南温暖地带，原产柑橘的地块的土壤，虽不能改良成与新西兰一样的土壤，但是日本生产猕猴桃的优良园地表层土深达 20~40 厘米，中下层的土壤的物理性能也非常好，土壤的孔隙度高、透水性好，地下水位变化少，也不会造成渍水。

同样的问题，如果中下层的土壤物理性不好，根腐病易发生，生根量就减少，由此表层土壤中的根系就成为吸收土壤养分和水分的主要力量，如不及时浇水，很快就容易受到干旱的影响，引起落叶、烧叶现象。定植后即使可以对表层土壤进行改良，但中下层的土壤就不太好改良，所以在种植之前要全面的诊断土壤是否适合栽培猕猴桃，并对土壤进行彻底的改良。

◎ 改良排水性的实际操作

（1）确定改良的目标　达到什么样的程度是土壤排水性良好呢？香川县土壤改良数据如表 8-2 所示，粗孔隙占 18% 以上、孔隙率为 40%~50%。这在第 7 章有所叙述，指的是土壤不易被冲刷走，不易积水，雨水停止后立即就可以进行土壤的管理作业，这是最好的土壤透水性标准。如果雨停止后经过半天还处于积水状态，就必须进行土壤改良。

表 8-2　香川县猕猴桃园土壤改良目标

项目		目标
土壤物理性	固相	50%~60%
	气相	20% 以上
	孔隙率	40%~50%
	粗孔隙	18% 以上
	透水系数（表层区）	4.2×10^{-3} 以上
土壤化学性	pH	5.5~6.5，不要低于 5
	EC（采收期）	0.10 毫西门子 / 厘米以下
	硝态氮素（采收期）	1.0 毫克 /100 克以下
	置换性钾 （夏季） （采收季）	30~80 毫克 /100 克 5~40 毫克 /100 克
	置换性石灰	200~300 毫克 /100 克
	置换性镁	30~80 毫克 /100 克
	有效磷	30~80 毫克 /100 克

　　土壤的孔隙率及透水系数，一般情况下和花岗岩风化土壤（简称：花岗土）混合后的粒径大小就合适了。在安山岩风化土壤中混合 50% 花岗岩风化土，细根的量及土壤的活性就有极大的改善（表 8-3）。但是如果花岗岩风化土混合过多，就会产生土壤养分供给不足，特别是土壤地力中氮素成分和微量元素成分的供应能力不足。

表 8-3　加入花岗岩风化土壤对植株发育及细根生长的影响（野田，1993 年）

试验区	新梢长度 / 厘米	新梢重量 / 克	细根重量 / 克	细根活性 /［（微克/（克·小时）］
安山岩风化土壤区	64	15.5	12.8	288
50% 混合区	75	22.7	31.8	307
花岗岩风化土壤区	123	29.1	20.8	300

注：1990 年 3 月调查，2 年生的猕猴桃（香绿），用内径为 25 厘米的瓦盆定植。新梢重量及细根重量是风干的重量，细根活力根据氯化三苯基四氮法（TTC 法）测定。

（2）**土壤改良的操作** 用花岗岩风化土作为客土和原有的土壤用挖掘机进行搅拌混合，需要深耕 40~50 厘米。

即使是对旱地中透水性好的土壤，也应该打破硬土层，尽可能的深耕，尽可能地对心土层进行条沟深耕，使地下水能迅速排出园外。

由水田改造的园地应该大量客土后进行深耕，破坏原土层，然后设置暗渠，并在周边设置排水沟，抬高垄床。

用花岗岩风化土作为客土，如果没有进行充分混合，很容易引起根腐病的发生。

花岗岩风化土和水田耕作土的透水系数大不相同，如果不进行充分的混合，到了梅雨期耕作层容易滞留雨水，发生根腐病；过了梅雨期则根量少，土壤干燥时容易发生烧叶现象，即便是每天浇水这种现象也会发生，并且越浇水越容易促进根腐病的发生。

为了保证梅雨期的雨水不在耕作层停留，有必要对耕作层以下的土层进行改良。

另外，实际工作中发现，即使进行了暗渠埋设，但排水效果并不理想。

即使铺设了排水暗管，由于黏质土壤透水性差、容易积水，积水不容易到达并进入暗渠，积水的土壤中即使一部分水渗入暗渠，其浸透速度也很慢。

像这样的黏质土壤，应提高暗渠的设置密度，暗渠周围要用稻壳或碎石填充，用花岗岩风化土进行混合，提高土壤的透水系数。把暗渠设置和客土改良相结合，共同提高土壤的排水效果。

（3）**确认地下水位** 排水状况的确认可以按以下方法进行，在园内排水最不好的地方挖 1 米深的孔穴（图 8-3），插入横竖都有孔的树脂管，周围再回填复土，在管子中插入 1 根有标记的棒，根据棒上的浸水标记可以测量出水位的高低。

由水田改造的园地，地下水位的高低随季节变化差异很大，特别是周围水田在插秧后水位会上涨，有时会上升到地表，在 6 月的梅雨期容易发生根腐病。梅雨期后又发生干旱的危害，易产生烧叶、落叶等情况。经营者确认自己的园地地下水处于什么样的一个状况，是水田改造园地的一个管理重点。

图 8-3 挖深 1 米左右的孔穴，把树脂管插入其中能了解地下水位的变化，确认适合的地下水位

2 施肥的注意事项及施肥标准

◎ 猕猴桃施肥应注意的问题

（1）清出园外的枝叶的营养元素量要和施入肥料的营养元素量相等　施肥量最低要与采收的果实量、修剪的枝条量、落叶量等从园内移出去植株各部位的营养元素量相等，猕猴桃大约需氮（N）13 千克、磷（P）5 千克、钾（K）21 千克（表 8-4）。

表 8-4　猕猴桃年吸收肥料量推算表（大熊等，1986 年）

植物器官	干物质平均重 /（克/米²）	年更新率（%）	氮		磷		钾	
			成分含量（%）	采收成分量 /（千克/1000 米²）	成分含量（%）	采收成分量 /（千克/1000 米²）	成分含量（%）	采收成分量 /（千克/1000 米²）
果实	528	100	1.48	7.81	0.35	1.85	2.36	12.46
叶	314	100	1.11	3.49	0.75	2.36	2.38	7.47
1 年生枝	286	70	0.54	1.08	0.22	0.44	0.58	1.16
结果母枝	110	60	0.58	0.38	0.13	0.09	0.44	0.29
侧枝	95	30	0.56	0.16	0.11	0.03	0.45	0.13
主枝、亚主枝	230	0	0.51	—	0.09	—	0.56	—
主干	109	0	0.52	—	0.08	—	0.27	—
合计	1672			12.92		4.77		21.51

注：表中为 4~11 年生海沃德猕猴桃 7 个部位的平均值。

施肥是对土壤中营养物质的一种补充，土壤本身有缓冲和积蓄肥力的能力，并不一定要采收干物质量完全等于施肥量。对柑橘类来说，植株吸收氮素成分中有 30% 来自施入的肥料，其他的则是吸收了从土壤地力中释放的氮素。但是，在日本西南温暖地区的猕猴桃生长区域，在猕猴桃根系分布浅、范围小的情况下，有必要快速补充施入与采收干物质量相当的肥料。综上所述，应进行与采收干物质养分等量的施肥，以维持果实的品质和植株的长势。需要注意的是，速效肥会集中于根系局部地区发挥肥效，对根系生长发育产生障碍，应尽量少用。

（2）植株的氮素情况和果实品质　植株的营养条件对果实的品质有很大的影响。图 8-4 显示了香绿在采收期叶片中的氮素浓度和后熟果实的糖度之间的关系，采收期叶片中的氮素浓度高，后熟果实的糖度就低，这种现象在其他的品种中也是同样的，因此生长发育期的后半程（猕猴桃在 8 月以后）到采收期为止，植株内的氮素浓度保持较低状态为好。

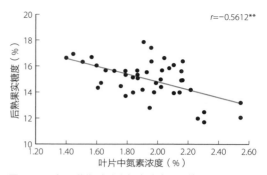

图 8-4　香绿采收期叶片中氮素浓度和后熟果实糖度的相关性（野田，1999 年）

（3）秋季要控制氮肥的使用　猕猴桃生根时间大多在初夏和秋季。初夏根系增多是因为叶面积增大，光合产物增多；秋季温度下降，如果有适宜的光合作用条件，在果实中碳水化合物积累完成后，植株中光合产物有一定富余，它会向根部输送。挂果量少的植株比挂果量多的植株发根量大，且秋季能有较长的生根时间（图 8-5）。

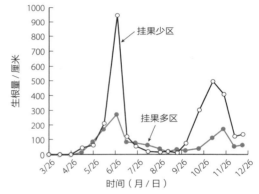

图 8-5　猕猴桃挂果量和生根季节模式图（连井等，2006 年）

秋季地温还比较高，为防止干燥需要注意及时浇水，保持土壤一定的湿度有利于持续推进有机物的分解并容易释放无机态的氮素，这种氮素会被新生长的根系完全吸收。植株吸收的硝态氮会与光合作用产生的碳水化合物结合形成有机化合物，所以植株内这种硝态氮越多，向果实中分配积累的碳水化合物就会减少，其结果是果实的糖度就难以提高。

在秋季果实成熟时期，要对土壤中及植株中的氮素水平进行控制，这在设计施肥方案时必须加以考虑。

（4）植株营养和果实品质　要每年生产出稳定的高品质猕猴桃，就要观察并了解每年的气象条件变化。表 8-5 表示的是香绿及海沃德的高糖度果实生产园地和低糖度生产园地中叶色及叶片中氮素浓度的变动，从表中可以看出，高品质果实生产园的氮素水平很低，叶色较浅。

在我们的调查中发现，糖度高、品质好的果实，都是在采收前处于低氮素水平的植株生产出来的，像这样氮素水平低的植株，在 8 月采收前叶片的色泽都是较浅的。

表 8-5　猕猴桃高糖度园地和低糖度园地中叶片和叶柄中氮素浓度（野田等，1992 年）

采集时间	园地区分	叶片中氮素浓度（%）	叶柄中氮素浓度（%）	叶柄中硝酸离子浓度/（毫克/千克）	游离氨基酸浓度/（毫克/100 克）	叶色（SPAD）
夏季	高糖度园地	1.81	0.62	517	11.2	49.1
	低糖度园地	2.19	0.82	2480	19.1	53.5
采收期	高糖度园地	1.74	0.62	1179	17.2	53.4
	低糖度园地	2.19	0.86	4105	18.7	52.3

注：品种为香绿。

◎ 施肥标准

表 8-6 是香川县不同树龄的产量目标和施肥标准，表 8-7、表 8-8 是不同时间施肥比例和施肥量。

表 8-6　香川县不同树龄的猕猴桃产量目标和施肥量　（单位：千克/1000 米^2）

树龄	香绿、赞绿				海沃德			
	产量目标	施肥成分量			产量目标	施肥成分量		
		氮	磷	钾		氮	磷	钾
1 年	—	5.0	5.0	5.0	—	6.0	6.0	6.0
2 年	250	6.0	7.0	6.0	—	8.0	8.0	8.0
3 年	750	8.0	9.0	8.0	400	10.0	11.0	11.0
4 年	1000	10.0	11.0	10.0	1000	12.0	14.0	13.0
5 年	1500	12.0	16.0	14.0	1500	14.0	17.0	16.0
6 年					2500	17.0	20.0	19.0
成年	2000	12.0	18.0	14.8	2500	18.0	22.0	20.0

注：香绿、赞绿，按肥沃地 10 株/1000 米^2、中等地 15 株/1000 米^{2}进行栽植；海沃德，按肥沃地 10~15 株/1000 米^2、中等地 15~20 株/1000 米^{2}进行栽植，根据枝条的生长程度增减施肥量。

表 8-7　香川县猕猴桃不同时期施肥比例和施肥量（香绿、赞绿）

施肥时间		氮		磷		钾	
		施肥比例（%）	施肥量 /（千克 /1000 米²）	施肥比例（%）	施肥量 /（千克 /1000 米²）	施肥比例（%）	施肥量 /（千克 /1000 米²）
基肥	11 月	100	12.0	80	14.4	60	8.9
追肥	6 月	—	—	20	3.6	40	5.9
年施肥量		12.0		18.0		14.8	

表 8-8　香川县猕猴桃分时期施肥比例和施肥量（海沃德）

施肥时间		氮		磷		钾	
		施肥比例（%）	施肥量 /（千克 /1000 米²）	施肥比例（%）	施肥量 /（千克 /1000 米²）	施肥比例（%）	施肥量 /（千克 /1000 米²）
基肥	11 月	100	18.0	80	17.6	70	14.0
追肥	6 月	—	—	20	4.4	30	6.0
年施肥量		18.0		22.0		20.0	

对容易产生徒长、氮素过多会造成品质下降的香绿等品种，氮肥的施用量要少一点。与此相对应的海沃德品种，徒长枝比香绿少，且产量也高一点，所以氮肥施用量可以适当多一点。

对分期施肥的比例，要考虑氮肥属于迟效性肥料，因此常作基肥施用；磷肥和钾肥除了作为基肥外，6 月可以作为追肥使用。

在 3 月或是 6 月追施氮肥是以前的施肥方法，第 2 年 3 月土壤中还残留有许多上一年 11 月施的肥料。如果到 6 月的夏季植株体内的氮素水平上升，果实的品质就会下降。因此氮肥只能作为基肥使用。

各地区、各产地要根据各地的气象条件、土壤条件的不同，采取不同的施肥标准，因此我们提出的方案只能作为一个参考。

< 常见的问题事例 >

▶ 事例 1　每年果实糖度都很低，是氮素迟效的原因吗？是不是应该减少施肥

在栽培初期的壮年树期，许多猕猴桃园因氮肥施用多有徒长的倾向。但是，在壮年树期，即使控制氮肥施用，还是不能尽快使树势稳定。需要根据树冠扩大情况及修剪程度等综合因素，有针对性地调节施肥量。

相反，中老年树期的园地，如果根系数量逐步减少、果实品质下降等，我们认为原因也并不全是氮素过多而造成的。也可以说是由树势衰退、光合速率下降、叶片数量减少，由此造成光合作用总量减少，植物的再生能力下降等因素造成果实的品质降低。应对方法是有计划地通过改良土壤，增加根系数量。

▶ **事例 2　为增加地力，对全园进行中耕，会造成树势下降**

猕猴桃根系集中分布在浅而狭窄的土壤表层，进行中耕不是对老根进行更新，而是为扩大根系在土壤中的伸展空间而进行的，这一点应该引起注意。

具体做法是沿着现在的树根向外侧，按 3~5 年为 1 个周期制订 1 个中深耕计划。对主干周围土壤进行耕作是一件十分危险的事。

顺便说一下，猕猴桃的土壤环境改善，也就是土壤排水性的改善。排水良好、土层深厚、土壤肥力等是主要的指标。

（末泽克彦）

附录　猕猴桃病虫害防治年历（以2008年香川县为例）

月	旬	不同品种的防治时间 香川金果	不同品种的防治时间 香绿、赞绿、海天德	病虫害种类	药剂名及浓度	每100升含药量	使用时间（采收前天数），使用次数	1000米²面积的喷洒量	注意事项
1	全								◇在切口处用甲基托布津（修剪时，在削去患病部位或是剪除病枝后，3次以内）进行涂布 ◇2月以后进行修剪皮和等剥除老皮可以防止果实软腐病和介壳虫类的危害 ◇用水压剥皮和等剥除老皮会使树势衰弱 ◇细菌性花腐病多发的园地，4月上旬（新梢长10厘米以下）用春雷·王铜液剂1000倍（发芽后生长期到新梢长10厘米为止，4次）+碳酸钙水剂200倍加水后喷洒 ◇潜花期雨量大的情况下，灰霉病易发生，用异菌脲水剂1500倍（开花至落花期，4次）喷洒 ◇果实软腐病的防治，除了对果实进行充分喷洒，树干也要 ◇对桑白介用杀扑磷水剂进行防治，可以减少蝙蝠蛾危害的发生 ◇对香川金果施用三乙膦酸铝水剂时，要注意采收前天数（采收前120天），5月下旬~6月上旬进行2次喷洒 ◇梅雨期雨水多的情况下用甲基托布津M水剂1000倍（采收前1天，5次）防治果实软腐病
2	上								
2	中	2月中旬	2月中旬	介壳虫类	石硫合剂7倍（展着剂）	14.2升	发芽前	300升	
2	下								
3	全								
3	上								
3	中								
4	下	4月下旬	4月下旬	细菌性花腐病	春雷霉素液剂400倍 / 硫酸链霉素水剂1000倍（展着剂）	250毫升 / 100克	90天，4次 / 90天，4次	400升	
5	上	开花前	开花前	细菌性花腐病	马拉硫磷水剂1000倍（展着剂）	100克	90天，4次	300升	
5	中	品种不同采收前采收的期不一样，在采收前数天要注意喷药的种类、剂量和时间							
5	下	5月下旬		果实软腐病	三乙膦酸铝水剂600倍（展着剂）	166克	幼果（120天），2次	400升	
6	上	6月上旬		桑白蚧 / 果实软腐病	杀扑磷水剂（剧毒）1500倍 / 三乙膦酸铝水剂600倍（展着剂）	66克 / 166克	60天，3次 / 幼果（120天），2次	400升	
6	中	—	6月下旬	黄色舞小蛾	氯菊酯乳剂3000倍（展着剂）	33毫升	7天，5次	400升	
6	下	6月下旬	—	果实软腐病 / 黄色舞小蛾	三乙膦酸铝水剂600倍（展着剂） / 氯菊酯乳剂3000倍（展着剂）	166克 / 33毫升	幼果（120天），2次 / 7天，5次	400升	

（续）

病虫害防治

月	旬	不同品种的防治时间 香川金果	不同品种的防治时间 香绿、赞绿、海沃德	病虫害种类	药剂名及浓度	每100升合药量	使用时间（采收前天数），使用次数	1000米²面积的喷洒量	注意事项
7	上								
7	中	7月上中旬	7月上中旬	桑白介	杀扑磷水剂（剧毒）1500倍（展着剂）	66克	60天，3次	400升	○杀扑磷水剂在用于香川金果时，要注意采收日期（采收前60天施用） ○对椿象类发生的香绿、赞绿、海沃德品种，用敌百虫乳剂（DEP乳剂）1000倍（采收前60天，4次）在7月中旬进行喷洒
7	下								
8	上								
8	中								
8	下	8月下旬~9月上旬	8月上旬~9月上旬	椿象类、黄色舞蛾、果实软腐病、灰霉病	（鱼）氯菊酯乳剂2000倍（展着剂）	50毫升	7天，5次	400升	○（鱼）氟啶胺用于香川金果时，在采收前30天不要使用 ○（鱼）氟啶胺喷洒使用时要注意防止污染，喷洒后7天内不要进入果园，也不要使果实飞散到周边的蔬菜园 ○秋季多雨，果实软腐病易发生的情况下，按防治年历，在采收前用异菌脲水剂喷洒2次 ○喷洒异菌脲水剂后，24小时内不能采收
9	上			果实软腐病（症）、贮藏病害（灰霉病）	（鱼）氟啶胺2000倍（展着剂）	50毫升	30天，1次		
9	中								
9	下	采收前（摘袋后）	—	果实软腐病（症）、贮藏病害（灰霉病）	异菌脲水剂1500倍（展着剂）	66克	前1天，4次	400升	
10	上								
10	中								
10	下	采收前 （摘袋后）	（摘袋后）	果实软腐病（症）、贮藏病害（灰霉病）	异菌脲水剂1500倍（展着剂）	66克	前1天，4次	400升	○除草剂，采用双丙氨膦液剂[采收前30天（杂草生长发育期；草坪30cm以下），3次] ①时期：杂草生长期 ②方法：对旱地多年生杂草喷洒，药量为750毫升，水量为100升/1000米² ○基肥、堆肥在中耕时施入
11	全	冬季	冬季	介壳虫类	机油乳剂（95%）14倍	7.1升	—	300升	
12	中下			12月中下旬，为防止果实软腐病发生，不要修剪，枯枝、落叶、果梗等全部要清扫到园外					

注：1. 使用时间、使用次数以表格中标准为准。例如，"14天，4次"代表"采收前14天前为止，使用次数在4次以内"。

2. 香种不是普通猕猴桃，属于软枣猕猴桃类，因此不适用于这个防治年历。春霉液剂和马拉硫磷水剂合起来使用4次以内（树干注入1次以内）。

3. 在喷洒农药时的尽量不要靠近农田等植物栽培区、学校、住宅区及公共实施区域，保证农药不飞散至这些区域。

4. 表中记载的农药是2008年1月28日本农林水产省已登记农药，在这之后登记记录内容可能会有变动，请参照最新的农药登记内容。在使用农药时要按照标签记载的使用标准严格使用。